알수록 돈이되고 볼수록 쓸모있는 수학이야기

동아엠앤비

들어가며

학창 시절에 산수나 수학 지식은 과연 어디에 사용하는 걸까? 라고 생각해 본 적이 있나요?

이 책은 반경 3미터 이내에서 일어나는 우리 주변의 여러 상황에 관해 산수와 수학 지식을 이용해 소개하고 있습니다. 또한 알아 두면 도움이 될 수 있는 정보를 한데 모아 놓아 일상생활에 응용할 수 있는 유익한 책입니다.

산수나 수학에 울렁증이 있는 분이나, 초등학교 때까지는 산수를 싫어하지 않았지만 중학교에 들어가면서부터 수학이 이유 없이 싫어진 분을 위해, 평상시 사용할 수 있는 산수와 수학 개념을 소개하고 있습니다. 이 책을 통해 그동안 수학에 가지고 있었던 부정적인 느낌을 조금이나마 긍정적인 방향으로 바꿀 수 있기를 바라는 마음으로 집필하였습니다.

일상에서 경험하는 것을 조금 더 밀접하게 느끼실 수 있도록 내용을 '집에서'편, '외출할 때'편, '쇼핑할 때'편 이렇게 세 부분으로 나누어 우리가 흔히 볼 수 있는 상황이나 경험을 소재로 다루었으며, 여러분도 함께 생각해 보면서 문제를 풀 수 있도록 구성하였습니다.

초등 고학년 수준부터 고등학생 수준까지의 문제를 다루고 있으며, 총 44개의 테마로 작성하였습니다. 옷장 속에 있는 옷을 이용해 과연 몇 가지 패턴으로 입을 수 있을지, 정당 지지율은 어떤 의미이고, 물건을 잃어버렸을 때 효율적으로 찾는 방법은 무엇이며, 포인트를 모으기에 아주 좋은 방법이나 쇼핑 방법 등 우리 주변에 숨어 있는 수학을 소재로 문제를 만들었습니다.

이 책에서는 '학교에서 수학 시간에 배운 적이 있네!'하고 생각되는 문제에서부터 '이런 것도 수학 개념으로 생각할 수 있구나. 새로운 사실이네.'라고 느껴지는 문제까지 다양한 테마로 다루고 있습니다. 그 중 다수는 저자가 직접 느낀 내용입니다. 특별한 장면을 고안한 것이 아닙니다.

아마도 일상 속에는 우리가 아직 발견하지 못한 산수나 수학 관련한 내용이 엄청 많을 것입니다. 가족이나 친구와 함께 그러한 내용을 꼭 찾아보기 바랍니다.

이 책을 집필할 때 와타나베 다카노리 선생님께서 수식 및 문제 확인과 관련하여 많은 협조를 해 주셨습니다. 다시 한번 정말 감사하다는 말씀을 드립니다. 이 책을 통해 여러분이 수학을 조금이라도 더 가깝게 느낄 수 있었으면 좋겠습니다. 이 책을 선택하고 읽어 주셔서 감사합니다.

원장 마쓰카와 후미야

차례

들어가며 • 04

이 책을 읽기 전에 • 10

1장 '집에서' 편

01 알람 시계가 동시에 울리는 건 몇 분 후일까요? • 12
02 세 종류의 과자를 공평하게 나누려면 어떻게 해야 할까요? • 15
03 숫자와 알파벳으로 만든 암호문을 해독하는 방법은 무엇일까요? • 18
04 피자 L 사이즈 2판과 M 사이즈 3판 중에 어느 쪽이 더 클까요? • 23
05 BMI로 이상적인 체중을 계산하는 방법은 무엇일까요? • 28
06 부모와 자녀가 함께 불꽃놀이를 할 수 있는 날은 언제일까요? • 32
07 야채를 균일한 크기로 자르려면 어떻게 해야 할까요? • 35
08 집의 높이를 어떻게 측정할 수 있을까요? • 39
09 엎드려서 상체를 들어 올리면 누구의 상체가 더 높이 올라갈까요? • 42
10 패셔니스타가 옷을 코디하는 방법은? • 47
11 수제 머리끈을 만들어 볼까요? • 50
12 기온과 주스 소비량은 서로 관계가 있을까요? • 55
13 정당 지지율이 어떤 의미이고 얼마나 정확할까요? • 58
14 용돈을 매주 2배씩 불리는 방법이 있을까요? • 68

2장 '외출할 때' 편

01 저렴한 주유소를 찾아가는 것이 정말 이득이 될까요? • 74
02 혼잡률이 100%라면 지하철이 만원이라는 의미일까요? • 77
03 호놀룰루는 지금 몇 시일까요? • 81
04 최단 거리로 이동하는 방법을 알아볼까요? • 86
05 지진이 나서 건물이 흔들렸습니다! 진앙은 어디일까요? • 89
06 어느 차량이 다음 신호에 통과할 수 있을까요? • 91
07 어느 버스 회사가 시간을 더 정확하게 지킬까요? • 96
08 지하철 환승을 할 때 걸을까요? 아님 뛸까요? • 101
09 분실물은 어디에 있을까요? • 106
10 점자로 표시된 숫자는 어떻게 읽을 수 있을까요? • 111
11 도로의 기울기를 각도로 나타내면 어떻게 될까요? • 116
12 커브 길 주의 표지판에서 커브가 휘어진 정도는 어떻게 알 수 있을까요? • 120
13 탑승 중인 기차의 속도를 계산할 수 있을까요? • 123
14 도로에서 교통 정체가 발생하는 원인은 무엇일까요? • 127
15 해운대 IC까지 실제로는 몇 시간 걸릴까요? • 132

3장 '쇼핑할 때' 편

01 어느 쇼핑센터에서 포인트를 적립하는 것이 더 좋을까요? • 138

02 어느 팩에 든 고기를 사야 더 이익일까요? • 141

03 쇼핑센터에서 2번 할인을 받으면 더 저렴한 건가요? • 146

04 토지의 면적은 어떻게 측정할 수 있을까요? • 152

05 용돈 1,000원을 어떻게 사용할까요? • 155

06 아버지와 어머니가 원하시는 네모이면서 동시에 동그란 모양의 가습기를 살 수 있을까요? • 158

07 온스는 몇 그램일까요? • 162

08 다이아몬드 목걸이가 들어 있는 복주머니를 어떻게 고를 수 있을까요? • 164

09 할인 판매 제품을 더 현명하게 구매하려면 어떻게 해야 할까요? • 171

10 신용카드를 안전하게 사용하는 방법은 무엇일까요? • 180

11 로또 당첨 확률을 나타내는 숫자의 근거는 무엇일까요? • 185

12 로또 복권의 숫자를 선택하는 방법에는 무엇이 있을까요? • 189

13 깜짝 현금 추첨 이벤트에 참여하시겠습니까? • 193

14 대기 시간은 얼마나 걸릴까요? • 196

15 O● 퀴즈를 맞춰 볼까요? • 201

부록 계산 방법의 기초 지식

01 사칙 연산, ( )가 있는 계산 • 206
02 소수 계산 및 비율 • 208
03 분수의 더하기, 빼기 • 211
04 분수의 곱하기와 나누기 • 213
05 문자식, 지수 • 215
06 제곱근 • 217
07 방정식 • 219
08 합동, 닮음, 닮음비 • 223
09 경우의 수, 순열, 조합 • 226
10 확률 • 229
11 평면 도형의 면적 • 231
12 원 • 233

색인 • 235

이 책을 읽기 전에

이 책은 산수와 수학을 더욱 가깝게 느낄 수 있도록 '테마 제시' → '문제' → '해설' → '문제 해답' 의 순서로 진행되며, 전문 용어를 가능한 사용하지 않고 되도록 일상에서 사용하는 표현을 이용해 쉽게 이해할 수 있도록 심혈을 기울여 집필하였습니다. 본문에서는 계산식이 등장하는데, 계산을 하기 어렵다고 느끼시는 분은 전자계산기를 이용하여 계산하셔도 됩니다.
또한, 내용을 알기 쉽게 전달하기 위해서 가능한 단순하게 표현하였습니다. 소비세는 계산에 포함하지 않았으며, 계산식 안에서 단위 표시를 생략한 경우도 있습니다. 미리 양해 부탁드립니다.

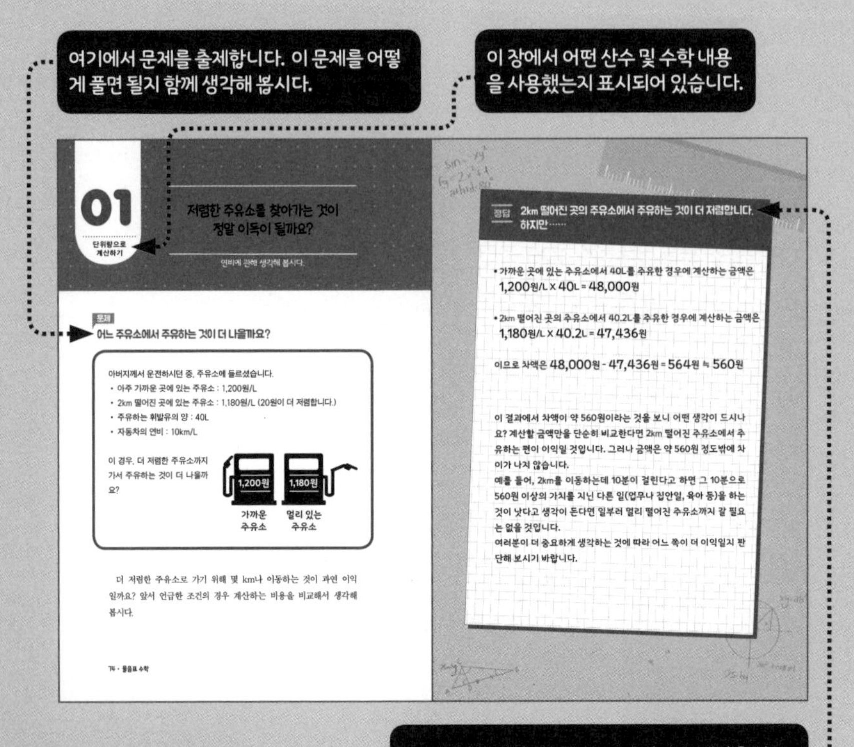

'집에서' 편

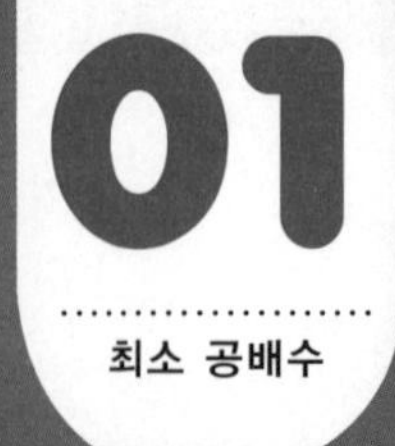

알람 시계가 동시에 울리는 건 몇 분 후일까요?

스누즈(snooze, 다시 울림) 기능을 사용해서 일어납시다.

문제

알람 시계가 또다시 동시에 울리는 건 언제일까요?

아들과 딸은 아침에 잘 일어나지 못하기 때문에 아날로그시계와 디지털시계를 하나씩 사용하고 있습니다. 한 번 일어난 후 다시 잠들지 않기 위해서 두 시계에 모두 스누즈 기능을 설정해 놓았습니다. 알람을 오전 7시로 설정한 후, 아날로그시계는 3분마다, 디지털시계는 5분마다 스누즈 기능이 작동하도록 했습니다. 그럼 오전 7시 알람이 울린 뒤에 이 두 시계의 알람이 동시에 다시 울리는 것은 몇 분 후일까요?

알람 시계 중에는 알람을 끈 후에도 일정 시간이 지나면 다시 울리는 스누즈 기능을 가지고 있는 종류가 많이 있습니다. 아침에 일어나는 것이 힘든 사람도 알람 시계 2개와 스누즈 기능까지 사용하면 늦잠을 자는 경우가 자주 발생하지 않겠지요. 이 문제는 최소 공배수를 사용하면 금방 풀 수 있습니다.

배수, 공배수, 최소 공배수 정리

배수란 어떤 수를 1배, 2배, 3배, …… 한 수를 의미합니다. 예를 들면 2와 3의 배수는 다음과 같습니다.

- **2의 배수: 2, 4, 6, 8, 10, 12, 14, 16, 18, ……**
- **3의 배수: 3, 6, 9, 12, 15, 18 , 21, ……**

공배수란 2개 이상의 정수에 공통된 배수를 가리킵니다. 예를 들어,

- **2와 3의 공배수: 6, 12, 18, 24, ……**

입니다. 그리고 공배수 중에서도 가장 작은 수를 **최소 공배수**라 합니다. 2와 3의 최소 공배수는 '6'입니다.

그럼 이 문제의 내용을 정리해 봅시다.

- **알람 시계 : 두 알람 시계 모두 오전 7시로 알람을 설정함.**
- **아날로그시계 : 3분마다 스누즈 기능을 설정함.**
- **디지털시계 : 5분마다 스누즈 기능을 설정함.**

오전 7시 이후에 두 시계가 동시에 울리는 것은 3의 배수와 5의 배수가 처음으로 같아지는 시간입니다. 따라서 3과 5의 최소 공배수를 구하면 두 알람 시계가 동시에 울리는 시간을 금방 알 수 있습니다.

정답 두 알람 시계는 7시 15분에 동시에 울립니다!

- 3의 배수 : 3, 6, 9, 12, 15, 18, 21, ……
- 5의 배수 : 5, 10, 15, 20, 25, 30, 35, 40, ……

→ 3과 5의 최소 공배수 : 15

→ 7시 15분 후 = 7시 15분

오전 7시 이후 시계가
동시에 울리는 것은 15분 후

세 종류의 과자를 공평하게 나누려면 어떻게 해야 할까요?

정확하게 나눠 봅시다.

문제

과자 세트는 최대 몇 인분까지 만들 수 있을까요?

오늘은 우리 집을 방문하는 아이들을 위해 과자 세트를 만들고자 합니다. 사탕 120개, 낱개 포장된 쿠키 48개, 한 개씩 포장된 초콜릿이 96개 있습니다. 이 과자를 종류별로 같은 개수만큼 세트로 만든다면, 과자 세트는 최대 몇 인분을 만들 수 있을까요?

이 문제처럼 어떤 것을 균등하게 나눠야 하는 경우에는 최대 공약수를 사용해서 풀 수 있습니다. 먼저 과자를 분배할 수 있는 최대 인원수를 파악하고, 세 종류의 과자를 몇 개씩 넣을 수 있는지도 구해 봅시다.

약수, 공약수, 최대 공약수 정리

약수란 그 수를 나눠떨어지게 하는 수를 의미합니다. 12와 18의 약수를 나열해 봅시다.

- **12의 약수 : 1, 2, 3, 4, 6, 12**
- **18의 약수 : 1, 2, 3, 6, 9, 18**

공약수란 둘 이상의 정수에 공통되는 약수를 가리키는 것으로, 12와 18의 공약수는 '1, 2, 3, 6'입니다. **최대 공약수**는 공약수 중에서 가장 큰 수를 말하며, 12와 18의 최대 공약수는 '6'입니다.

이 문제는 과자를 종류별로 균등하게 나눴을 때, 과자 세트는 최대 몇 명 분량까지 만들 수 있는가? 라는 것입니다.

예를 들어, 과자 세트에 과자를 종류별로 각각 2개씩 넣는다고 하면
사탕은 120개 ÷ 2개 = 60인분,
쿠키는 48개 ÷ 2개 = 24인분,
초콜릿은 96개 ÷ 2개 = 48인분이 되는데,
과자 세트에는 세 가지를 모두 넣을 것이기 때문에 이대로는 사탕이 제법 많이 남게 됩니다.

여기서 120, 48, 96의 최대 공약수를 구하면 과자 세트를 나눠 줄 수 있는 최대 인원수를 계산할 수 있습니다.

정답 과자 세트는 최대 24인분을 만들 수 있습니다!

- 120의 약수 : 1, 2, 3, 4, 5, 6, 8, 10, 12, 15, 20, 24, 30, 40, 60, 120
- 48의 약수 : 1, 2, 3, 4, 6, 8, 12, 16, 24, 48
- 96의 약수 : 1, 2, 3, 4, 6, 8, 12, 16, 24, 32, 48, 96

120, 48, 96의 공약수 :

1, 2, 3, 4, 6, 8, 12, 24

최대 공약수 : 24
24명에게 나눠 줄 수 있습니다!

한 봉지에 과자를 각각 몇 개씩 넣을 수 있는지는 과자 수를 최대 공약수로 나눠서 계산할 수 있습니다!

- 사탕의 개수 : 120개 ÷ 24개 = 5개
- 쿠키의 개수 : 48개 ÷ 24개 = 2개
- 초콜릿의 개수 : 96개 ÷ 24개 = 4개

약수

숫자와 알파벳으로 만든 암호문을 해독하는 방법은 무엇일까요?

숫자와 알파벳으로 만드는 암호문.

문제

암호문에는 뭐라고 쓰여 있는 것일까요?

아이들 사이에서 암호문을 만드는 것이 유행이라고 합니다. 오늘 아버지와 어머니께 다음과 같은 편지가 도착했습니다.

13A 5A 13E 2A, 17I 31J 37A 7C 2A 19F!

아버지께서는 편지를 다 읽으신 후 '날씨도 좋은 것 같은데 그럼 가 볼까?'라고 하셔서 아이들이 매우 기뻐했습니다. 편지에는 과연 뭐라고 적혀 있었던 걸까요? 힌트는 '소수'입니다.

암호는 아주 오래전부터 연구되었고, 다양한 곳에서 사용되었습니다. 암호라고 하면 전쟁을 떠올리는 분도 계실 수 있겠지요. 암호를 재밌게 사용한 사례 중에는 연애편지를 암호화해서 보낸 이야기도 있습니다. 분명 다른 사람이 연애편지 읽기를 원치 않았기 때문에 암호를 사용했겠지요. 현대에도 암호는 최첨단으로 연구되고 있는 기술 중 하나입니다. 예를 들면, 인터넷 사이트에서 비밀번호를 안전하게 관리하기 위해서나, 가상 화폐를 거래할 때 안전성을 확보하기 위해서 암호가 사용되고 있습니다.

소수를 사용한 암호문

이 장 서두의 문제에서 살펴본 암호문은 소수를 한글 자음(14자)에, 알파벳을 한글 모음(10자)에 대응하면 풀 수 있습니다. (정답: 바다 보고, 스키 타러 가요!)

소수란 1과 자기 자신만으로 나눠떨어지는 수를 말합니다. 좀 더 수학적으로 설명하면, 약수 즉 그 수를 나눠떨어지게 하는 수가 2개밖에 없는 양의 정수를 가리킵니다. 소수를 1부터 차례대로 살펴보도록 하겠습니다.

- 1은 약수가 1 밖에 없으므로 소수가 아닙니다.
- 2는 약수가 1, 2 로 2개이기 때문에 소수입니다.
- 3은 약수가 1, 3 으로 2개이기 때문에 소수입니다.
- 4는 약수가 1, 2, 4로 3개이기 때문에 소수가 아닙니다.
- 5는 약수가 1, 5 로 2개이기 때문에 소수입니다.

……

소수 : 2 3 5 7 11 13 17 19 23 29 31……

소수에 관해서는 현재 다음과 같은 사실을 알 수 있습니다.

❶ 소수는 무한히 존재한다는 것.
❷ 소수가 나타나는 방식에는 규칙성이 없다는 것.

이와 같은 성질을 이용하여, 소수는 RSA 신호라는 암호화 기술에 사용되고 있습니다. RSA 암호는 공개키 암호 시스템의 하나로 전자 서명이 가능한 최초의 알고리즘입니다. RSA 신호에서 만들어진 암호를 해독하려면 슈퍼컴퓨터를 사용하더라도 수만 년이 걸리는 것도 있습니다.

암호를 해독하는데 왜 이렇게 시간이 오래 걸릴까요? 아주 간단히 설명하자면 소수×소수끼리의 곱셈 답은 금방 알 수 있지만, 반대의 경우는 답을 바로 알기 어렵기 때문입니다.

예를 들면, $13 \times 17 = 221$이지요. 그러면 반대로 '221은 몇×몇일까?'라고 묻는다면 정답을 바로 알 수 있을까요? 암산을 아주 잘하는 사람이라도 쉽게 답을 말하기는 힘들 것입니다.

한편 이 수가 더욱 커지면 커질수록 두 소수를 곱한 숫자를 가지고 곱하기 전 상태인 원래의 두 소수를 찾아내기 위해서는 시간이 더 많이 걸립니다.

이 책을 집필하고 있는 현시점에는 약 2,300만 자릿수의 소수가 발견된 상태입니다. 이는 상상하기조차 힘들 정도로 큰 수이지요. 소수는 앞으로도 계속해서 증가해 나갈 것입니다.

정답 대응표를 사용해서 암호문을 해독해 봅시다.

암호문을 만들기 위해서 아이들은 다음의 대응표를 사용했습니다.

■의 자음(가로축)이 소수이고, □의 모음(세로축)이 알파벳에 해당합니다. 예를 들어, '2A'에 대응하는 것은 '가'입니다.

*참고로 대응표는 한글 기본 자모(24자)로 구성했습니다. 자음(14자), 모음(10자)

2	3	5	17	19	41	43		
ㄱ	ㄴ	ㄷ	ㅅ	ㅇ	ㅍ	ㅎ		
가	나	다	사	아	파	하	ㅏ	A
갸	냐	댜	샤	야	퍄	햐	ㅑ	B
겨	녀	뎌	셔	여	펴	혀	ㅕ	D
고	노	도	소	오	포	호	ㅗ	E
구	누	두	수	우	푸	후	ㅜ	G
규	뉴	듀	슈	유	퓨	휴	ㅠ	H

소수와 한글 자음(14자)로 구성됨.

알파벳과 한글 모음(10자)로 구성됨.

대응표에서 '19B 43E, 43H 2A 5A!'를 순서대로 나열하면,

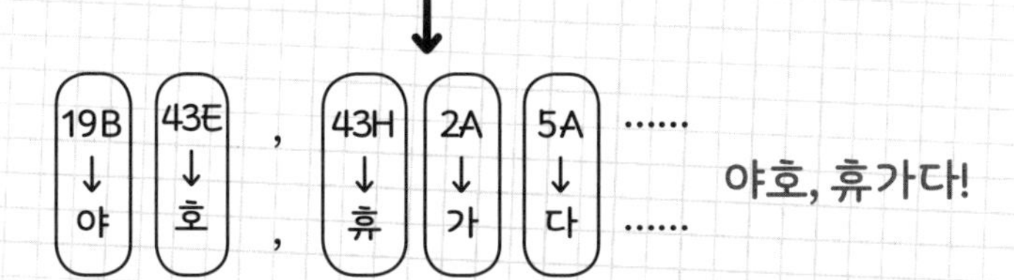

암호문과 복호의 또 다른 사례

암호를 만드는 것을 **암호화**라 하고, 암호화하지 않은 보통 문장을 **평문**, 암호를 해독하는 것을 **복호**라고 합니다. 암호화와 복호를 사용하면 당사자끼리만 비밀 메시지를 주고받을 수 있습니다. 이때, 암호화한 규칙을 복호하는 측에서도 알고 있어야 합니다. 규칙을 서로 알고 있으면 다양한 암호문을 만들 수 있습니다. 예를 들어, '알파벳을 3글자, 오른쪽 방향으로 밀어낸다.'는 규칙으로 암호화해 봅시다.

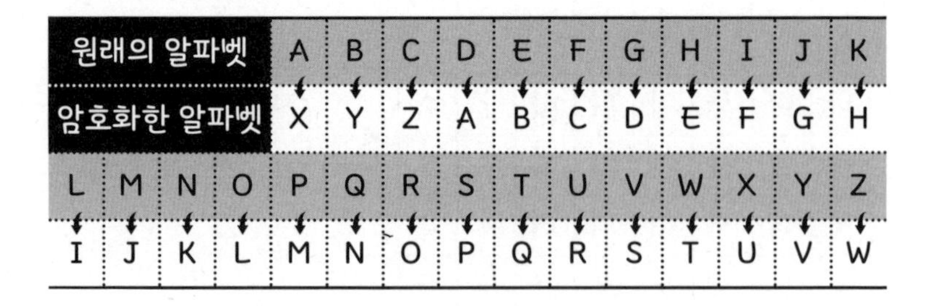

원래의 알파벳	A	B	C	D	E	F	G	H	I	J	K
암호화한 알파벳	X	Y	Z	A	B	C	D	E	F	G	H

L	M	N	O	P	Q	R	S	T	U	V	W	X	Y	Z
I	J	K	L	M	N	O	P	Q	R	S	T	U	V	W

이 암호화 규칙을 적용하면,

I LOVE YOU. → F ILSB VLR.

이 됩니다. 이렇게 암호화하면 누군가가 내용을 보더라도 부끄럽지 않겠지요.

원의 면적

피자 L 사이즈 2판과 M 사이즈 3판 중 어느 쪽이 더 클까요?

둥근 피자의 크기를 비교해 봅시다.

문제

동그란 모양의 피자가 2가지 종류 있습니다. 어떤 피자를 선택해야 더 많이 먹을 수 있을까요?

방과 후에 아들 친구가 여러 명 집에 놀러 왔습니다. 간식으로 피자를 배달시키려고 하는데, 메뉴에 있는 '파티 플랜'이 눈에 띄었습니다.
피자의 사이즈와 판 수량이 다른 두 종류의 파티 플랜이 있는데, 지정된 토핑 중에서 선택하면 가격은 동일합니다.

피자 M 사이즈 파티 플랜

지름 **25**cm × **3**판
(25cm × 3 = 75cm)

피자 L 사이즈 파티 플랜

지름 **36**cm × **2**판
(36cm × 2 = 72cm)

메뉴를 보시고 어머니께서 '어머, L 사이즈 파티 플랜을 선택해야 더 많이 먹을 수 있겠네.'라고 말씀하셨어요. 정말일까요?

위의 파티 플랜처럼 가격이 동일할 경우, 더 많은 맛을 즐기고 싶다면 3판이 한 세트인 M사이즈 파티 플랜을 선택하면 되겠지요. 그런데 여기서는 '어느 플랜을 선택해야 더 많이 먹을 수 있을까?'라는 것이 문제입니다. 이를 바꾸어 말하면 문제는 '어느 파티 플랜의 피자가 더 클까요?'라는 뜻입니다.

피자는 둥근 모양이기 때문에 지름이나 판 수량이 다르면 눈대중만으로 크기를 비교하기가 쉽지 않습니다. 시험 삼아 피자의 지름을 합해서 비교해 보면 M사이즈 파티 플랜 피자의 지름이 더 긴 것을 알 수 있습니다.

- **M 사이즈 파티 플랜의 피자 지름 합계 : 지름 25cm X 3판**
  25cm X 3 = 75cm
- **L 사이즈 파티 플랜의 피자 지름 합계 : 지름 36cm X 2판**
  36cm X 2 = 72cm

M 사이즈 파티 플랜의
지름 합계가 더 깁니다!

그런데, 지름은 '길이'를 비교한 결과이므로 면적 즉 '크기'를 비교할 때는 그대로 적용할 수 없습니다. 문제에서 제시된 피자의 모양이 둥글기 때문에, 원의 면적을 구하는 공식을 사용해서 2개 플랜의 피자 크기를 비교해 봅시다. 원의 면적을 구하려면 지름이 아니라 반지름을 사용하는 것이 핵심입니다.

원의 면적 정리

• 원의 면적을 구하는 법 •

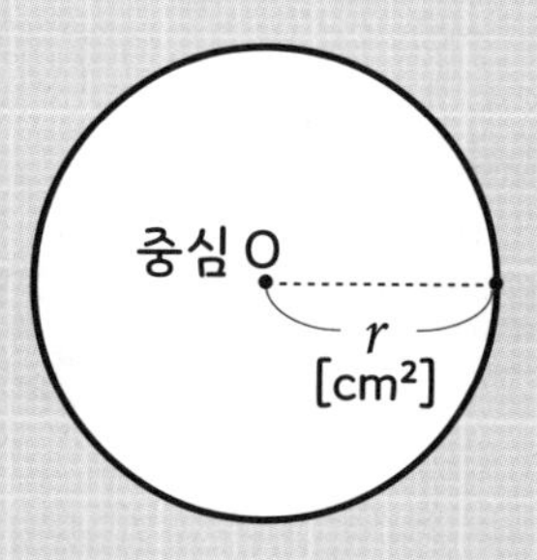

원의 면적 = π X (반지름)^2

π : 원주율 ≒ 3.14

문자식을 사용하면 반지름이
$r$cm인 원의 면적 S[cm²]는
$S = \pi r^2$ [cm²]

M 사이즈와 L 사이즈 피자 1판의 면적을 각각 구해 봅시다.

M 사이즈 피자의 지름이 25cm이고 반지름은 그 절반인 12.5cm이므로,

• M 사이즈 피자 1판의 면적 = π X 12.5^2 = 156.25π cm²

L 사이즈 피자 지름이 36cm이고 반지름은 그 절반인 18cm이므로,

• L 사이즈 피자 1판의 면적 = π X 18^2 = 324π cm²

정답 두 종류 피자 중 크기는 L 사이즈 피자 2판이 더 큽니다!

M 사이즈 파티 플랜 **피자 지름 25cm X 3판의 면적**

$156.25\pi\ cm^2 \times 3 = 468.75\pi\ cm^2$

M 사이즈 1판의 크기

3판

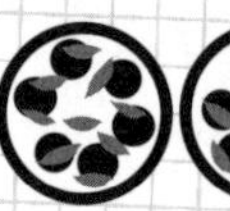
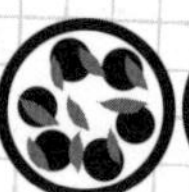

L 사이즈 파티 플랜 **피자 지름 36cm X 2판의 면적**

$324\pi\ cm^2 \times 2 = 648\pi\ cm^2$

L 사이즈 1판의 크기

2판

L 사이즈 2판 $648\pi\ cm^2$	>	M 사이즈 3판 $468.75\pi\ cm^2$

L사이즈 피자 2판이
M사이즈 피자 3판보다 더 큽니다!

참고로, M 사이즈 피자가 4판일 때의 면적을 구해 보면,

- **M 사이즈 피자 4판의 면적 = $156.25\pi \times 4 = 625\pi\ cm^2$**

위와 같이 되므로, 비로소 L 사이즈 피자 2판의 크기($648\pi cm^2$)와 거의 비슷해집니다. 즉, L 사이즈 피자 1판이 M 사이즈 피자 2판보다 더 큰 것입니다.

- **M 사이즈 피자 2판의 면적 = $156.25\pi \times 2 = 312.5\pi\ cm^2$**
- **L 사이즈 피자 1판의 면적 = $324\pi\ cm^2$**

길이와 면적의 관계

이 경우 왜 M 사이즈 피자 2판과 L 사이즈 피자 1판의 크기가 거의 비슷한 것일까요?

원의 면적을 구하는 공식 '$\pi \times$ (반지름)^2'에서 '(반지름)^2'을 확인한 후, L 사이즈의 계산 결과가 M 사이즈 계산 결과의 몇 배인지를 구하면 쉽게 알 수 있습니다.

$$\frac{(\text{L 사이즈 피자 반지름})^2}{(\text{M 사이즈 피자 반지름})^2} = \frac{18^2}{12.5^2} = 2.0736$$

위 공식을 통해 'L 사이즈 피자 면적은 M 사이즈 피자 면적의 약 2배이다.'라는 것을 확인할 수 있습니다. 따라서 M 사이즈 피자 2판과 L 사이즈 피자 1판의 크기가 거의 비슷한 것입니다.

BMI로 이상적인 체중을 계산하는 방법은 무엇일까요?

같은 수를 곱해 봅시다.

문제

키 170cm인 사람과 키 150cm인 사람의 표준 체중은 얼마일까요?

아버지의 키는 170cm이고, 어머니의 키는 150cm입니다. BMI를 사용하여 아버지와 어머니의 표준 체중(이상적인 체중)을 재면 각각 몇 kg으로 나올까요? **표준 체중[kg] = 키[m²] X 22** 로 구할 수 있습니다.

BMI(Body Mass Index. 체질량 지수)란, 체중과 키를 이용해서 사람의 비만도를 나타내는 것입니다. BMI는 다음 식을 통해 구할 수 있습니다.

BMI = 체중 [kg] / 키 [m²]

대한비만학회에서는 아래와 같이 비만도를 분류하며,
BMI = $22kg/m^2$을 표준 체중(이상적인 체중)으로 간주하였습니다.

(표) 대한비만학회에서 정의하는 비만도 분류

BMI (kg/m)					판정
			<	18.5	저체중
18.5	≦	~	<	22.9	정상 체중
23	≦	~	<	24.9	과체중
25	≦	~	<	29.9	경도 비만
30	≦	~	<	34.9	중도 비만
35	≦				고도 비만

출처 : 개정된 비만 분류 (2018 대한비만학회)

거듭제곱, 제곱 계산 정리

$2^2 = 2 \times 2$, $2^3 = 2 \times 2 \times 2$, $3^2 = 3 \times 3$, $3^3 = 3 \times 3 \times 3$처럼 같은 수를 계속해서 곱하는 것을 **거듭제곱**이라고 합니다. 2번 곱하는 것을 **제곱**, 3번 곱하는 것을 **세제곱**이라고 하는데, 특히 1~20까지 제곱의 값을 기억해 두면 계산 문제를 풀 경우에 편리할 때가 많습니다. 이 기회에 외워 두면 좋을 것입니다.

(표) 1~20까지 제곱의 값

1^2	=	1	11^2	=	121
2^2	=	4	12^2	=	144
3^2	=	9	13^2	=	169
4^2	=	16	14^2	=	196
5^2	=	25	15^2	=	225
6^2	=	36	16^2	=	256
7^2	=	49	17^2	=	289
8^2	=	64	18^2	=	324
9^2	=	81	19^2	=	361
10^2	=	100	20^2	=	400

여기서 BMI를 구하는 수식을 체중에 관한 식으로 변형하면,

체중 [kg] = 키 [m^2] X BMI

가 되기 때문에 제곱의 계산이 등장합니다. 서두에서 언급한 문제의 '표준 체중(이상적인 체중)'은 BMI = 22kg/m^2이므로

표준 체중(이상적인 체중) = 키[m^2] X 22kg/m^2

라고 계산할 수 있습니다. 여기서 주의해야 할 점은 BMI의 계산에 사용되는 키의 단위가 cm가 아니라 m라는 점입니다.

100cm = 1m이므로 cm 단위의 키를 100으로 나누면

170cm = 1.7m, 150cm = 1.5m가 됩니다.

정답 키가 170cm라면 약 64kg, 150cm라면 약 50kg가 이상적입니다!

표준 체중(이상적인 체중)을 구하는 식을 통해서,

- 키 170cm = 1.7m인 사람의 표준 체중(이상적인 체중)

  $1.7^2 \times 22 = 2.89 \times 22 =$ **63.58**kg

- 키 150cm = 1.5m인 사람의 표준 체중(이상적인 체중)

  $1.5^2 \times 22 = 2.25 \times 22 =$ **49.5**kg

여기서 앞의 표에 있는 $15^2 = 225$, $17^2 = 289$를 기억해 두었다면 $1.5^2 = 2.25$ 그리고 $1.7^2 = 2.89$를 아주 빠르게 계산해 낼 수 있을 것입니다.

예를 들어, 1.7의 제곱은
$1.7^2 = (17 \times 0.1)^2 = 17^2 \times 0.1^2$
이므로 17의 제곱과 0.1 제곱의 곱셈으로 나눌 수 있습니다.

$17^2 = 289$
$0.1^2 = 0.01$이므로,

$1.7^2 = (17 \times 0.1)^2 = 17^2 \times 0.1^2 = 289 \times 0.01 = 2.89$입니다.
즉, 이러한 계산식의 경우 제곱의 계산 결과를 기억해 두면 빨리 계산할 수 있습니다. 그러나 소수를 처리하는 데는 주의해야 하겠지요. 그리고,
$1.5^2 = (15 \times 0.1)^2 = 15^2 \times 0.1^2 = 225 \times 0.01 = 2.25$가 됩니다.

그럼 계속해서 키가 각각 160cm, 180cm인 사람의 표준 체중(이상적인 체중)도 계산해 봅시다.

- **키 160cm = 1.6m인 사람의 표준 체중 (이상적인 체중)**
  $1.6^2 \times 22 = 2.56 \times 22 =$ 56.32kg

- **키 180cm = 1.8m인 사람의 표준 체중 (이상적인 체중)**
  $1.8^2 \times 22 = 3.24 \times 22 =$ 71.28kg

부모와 자녀가 함께 불꽃놀이를 할 수 있는 날은 언제일까요?

두 사람의 희망 사항을 동시에 충족시켜 봅시다!

문제

아버지와 아들은 무슨 요일에 함께 불꽃놀이를 할 수 있을까요?

부모와 자녀가 함께 불꽃놀이를 할 수 있는 날은 언제일까요?

아들 : 아빠, 다음 주에 불꽃놀이 해요!

아버지 : 좋아. 다음 주말에는 저녁에 일이 있으니까 평일에 하는 것이 어떨까?

아들 : 월요일과 화요일 밤에는 보고 싶은 텔레비전 프로그램이 있어 안되요.

아버지 : 알겠어. 날씨를 보고 맑은 날에 하도록 하자.

아들 : 저도 맑은 날이 더 좋을 것 같아요!

• 다음 주 일기 예보

월	화	수	목	금	토	일
맑음	흐림	비	비	맑음	맑음	맑음

사람들이 여러 명 모이게 되면, 각자 다양한 사정이 있기 때문에 뭔가를 함께 하려 해도 모두의 입맛에 맞추기가 쉽지 않습니다. 그런 경우에는 원하는 조건을 제시하게 한 후, 거기서 공통점을 찾아 서로 납득할 수 있게 조정해야 합니다.

이번 문제는 일부러 수학적으로 접근해서 풀어 보려고 합니다. 여기서는 연립 방정식 푸는 방법을 사용해서 부모와 자녀가 같이 불꽃놀이를 즐길 수 있는 날을 찾아볼 것입니다.

그러나 x나 y가 포함된 식은 등장하지 않기 때문에 연립 방정식을 어렵게 생각하는 분들도 편하게 읽어 보시기 바랍니다.

연립 방정식을 풀 때 고려해야 할 점

연립 방정식을 풀 때의 원칙은 여러 개가 존재하는 미지수를 '한 문자로 소거'하는 것입니다. '한 문자로 소거'는 '조건을 정리하는 것'인데, 더 자세한 사항은 책 뒤편 부록에 있는 '07 방정식' 부분을 참조하기 바랍니다.

그럼 이 문제의 조건을 생각해 봅시다. 대화 내용 중에 아들과 아버지는 '요일'과 '날씨'에 관해 이야기했습니다. 이것이 바로 연립 방정식의 미지수에 해당합니다.

정답 아버지와 아들이 함께 불꽃놀이를 할 수 있는 날은 금요일입니다!

조건 ① : 희망하는 요일

- 아들 : 수, 목, 금, 토, 일 ◀······ 월, 화요일 제외
- 아버지 : 월, 화, 수, 목, 금 ◀······ 평일

→ 아버지와 아들이 함께 불꽃놀이를 할 수 있는 요일은

수, 목, 금 요일 중 하루입니다.

▲······ 한 문자 소거에 해당합니다.

조건 ② : 아버지와 아들 모두 맑은 날씨에 불꽃놀이 하기를 원합니다!

월	화	수	목	금	토	일
맑음	흐림	비	비	맑음	맑음	맑음

→ 수, 목, 금 요일 중에서 일기 예보가 '맑음' 인 날은

금요일입니다.

조건이 여러 가지일 경우, 이를 나열해 보고 순서대로 결정하면 됩니다.

이것은 x와 y의 연립 방정식을 풀 때,

식에 x만 남기고, y는 나중에 생각하는 것과 같은 것입니다.

야채를 균일한 크기로 자르려면 어떻게 해야 할까요?

동일한 부피로 분할해 봅시다.

문제

당근 하나를 동일한 부피로 3등분 하려면 어떻게 해야 할까요?

저녁 반찬을 만들기 위해 당근을 자르려고 합니다. 당근을 가능한 같은 크기로 자르려고 하는데, 어떻게 자르면 좋을까요?
당근의 형태를 원뿔 모양이라고 가정하고, 당근을 3개로 등분했을 때 그중 하나는 반드시 원뿔 모양으로 잘리게 합시다. 그리고 3의 세제곱근은 1.44라고 합시다.

음식을 요리할 때 물론 맛이 가장 중요하겠지만, 보기 좋은 모양을 내거나 재료를 속까지 잘 익게 하려면 크기를 균일하게 자르면 좋을 것입니다. 채소는 종류에 따라 모양이나 크기가 제각각인데, 특히 당근처럼 앞부분이 뾰족한 원뿔 모양의 채소는 어떻게 해야 비슷한 크기로 자를 수 있을까 고민이 되기도 합니다.

여기서는 수학 지식을 활용해서 당근을 동일한 부피로 3등분(그중 하나는 원뿔 모양) 하는 방법을 생각해 보겠습니다.

닮음비, 면적비 그리고 부피비

닮음이란 모양을 바꾸지 않고 확대나 축소를 한 도형을 의미하며, **닮음비**(또는 상사비相似比)란 닮은 도형의 서로 대응하는 변의 길이의 비를 의미합니다. 이 닮음비를 가지고 **면적비**(표면적의 비)나 **부피비**(체적의 비)를 구할 수 있습니다.

닮음비가 m : n 인 경우, 면적비는 $m^2 : n^2$, 부피비는 $m^3 : n^3$이 됩니다.

• 닮음비, 면적비, 부피비의 관계 •

닮음비(길이의 비)가 $m : n$ 인 경우,

- 면적비(표면적의 비) $m^2 : n^2$
- 부피비(체적의 비) $m^3 : n^3$

세제곱근이란

이 문제는 세제곱근을 사용해서 풀 수 있습니다. 3번 곱해서 해당하는 수가 되는 것을 **세제곱근** 또는 **입방근**이라고 합니다. 예를 들어, 8의 세제곱근은 2(2×2×2 = 8)이며 $\sqrt[3]{8} = \sqrt[3]{2\times2\times2}$ 라고 표현합니다. a의 세제곱근을 문자식으로 나타내면 $\sqrt[3]{a}$ 가 됩니다.

$\sqrt[3]{8} = 2$ 인 것처럼 세제곱근 값을 쉽게 알 수 있다면 좋겠지만, 실제로는 함수 계산기를 사용해서 값을 구하거나 본문처럼 문제 안에 값이 적혀 있는 경우가 많습니다.

닮음비를 고려하여 1/3 크기가 되는 위치를 구해 봅시다.

원뿔을 바닥과 평행하게 잘랐을 때, 그 상부는 원래의 원뿔과 닮음이 됩니다. 예를 들어, 원래 원뿔 높이(길이)의 1/3 지점에서 자를 경우 잘려져 나간 작은 원뿔과 원래의 원뿔은 다음 그림과 같은 관계가 됩니다.

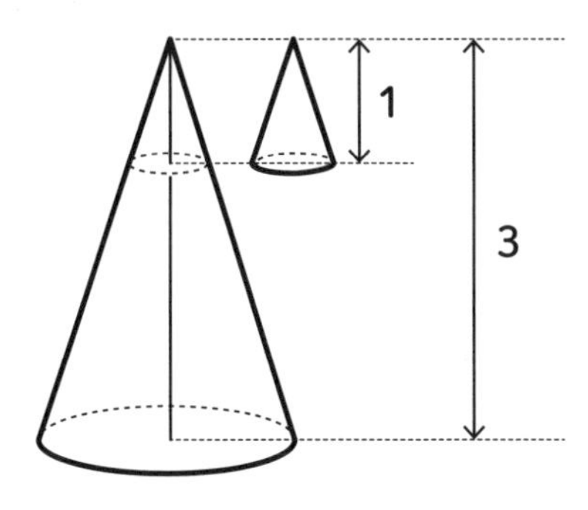

- 닮음비(변의 길이 비)
  1 : 3
- 면적비(표면적의 비)
  $1^2 : 3^2 = 1 : 9$
- 부피비(체적의 비)
  $1^3 : 3^3 = 1 : 27$

위 사항을 고려하면 이 문제의 당근은 우선 전체의 3분의 1 크기로 잘라야 한다는 것을 알 수 있습니다. 즉, 부피비가 1 : 3이 되게 하려면 어느 위치에 칼을 대면 좋을까를 생각해야겠지요.

'부피비는 1 : 3'이라는 것을 이미 알고 있기 때문에, 여기서 닮음비를 구할 수 있습니다. 닮음비는 변의 길이 비이기 때문에 이를 알면 칼을 어느 위치에 닿게 해야 하는지도 알 수 있는 것입니다.

- 부피비 (체적의 비)　　1 : 3

↓

- 닮음비 (변의 길이 비)　$1 : \sqrt[3]{3} = 1 : 1.44$

문제에서 3의 세제곱근은 1.44로 주어짐.

여기서 계산을 쉽게 하기 위해 당근의 원래 높이를 1, 잘라낸 위쪽 원뿔의 높이를 h라고 하고 문제를 풀어 봅시다.

정답 처음 당근 높이를 1이라고 할 경우 0.7의 위치에서 잘라야 합니다!

당근의 원래 높이를 1이라고 하고, 잘라낸 위쪽 원뿔의 높이를 h라고 하면 닮음비와의 관계에 의해

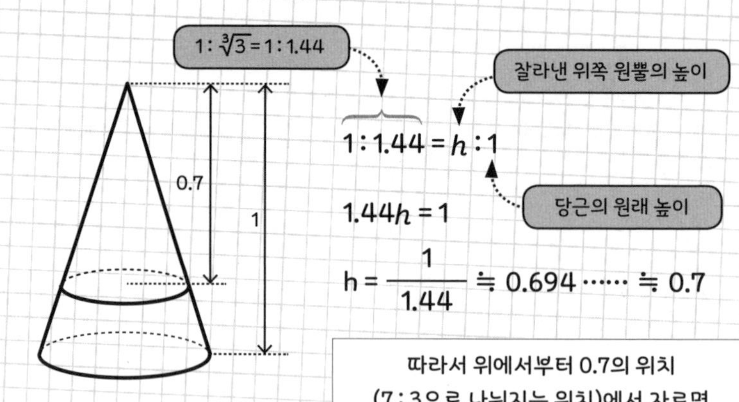

따라서 위에서부터 0.7의 위치 (7 : 3으로 나눠지는 위치)에서 자르면 위쪽 원뿔은 전체 3분의 1 크기가 됩니다!

우선 당근을 전체의 1/3 크기로 잘라 냈습니다. 다음은 남아있는 아랫부분을 반으로 자르면 전체를 3등분한 것이 됩니다.

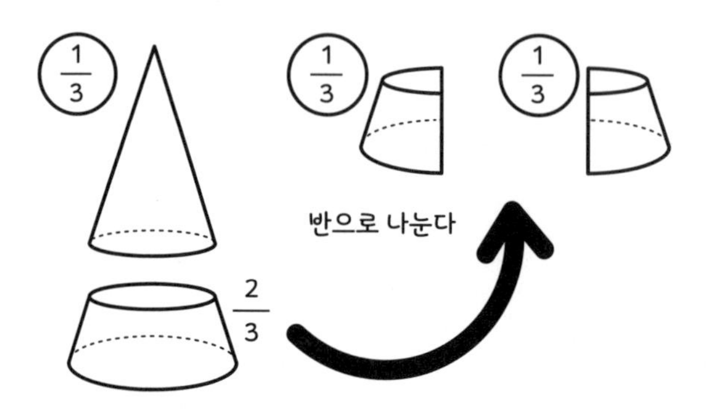

집의 높이를 어떻게 측정할 수 있을까요?

30cm 자로 집의 높이를 측정할 수 있다니 신기하지요!

문제

집의 높이는 얼마일까요?

어느 날 저녁 아버지께서 30cm 자를 지면에 수직으로 놓으셨습니다. 그때 그림자의 길이는 아들 발걸음으로 한 걸음이었습니다. 아버지가 "집의 그림자를 따라 벽부터 그림자 끝부분까지 걸어 보렴."하고 말씀하셔서 아들이 그대로 걸어 보니 벽부터 그림자 끝까지 정확히 40걸음이었습니다. 이 정보만으로 아버지께서 집의 높이를 바로 알아차렸다고 하는데, 집의 높이는 과연 몇 m일까요?

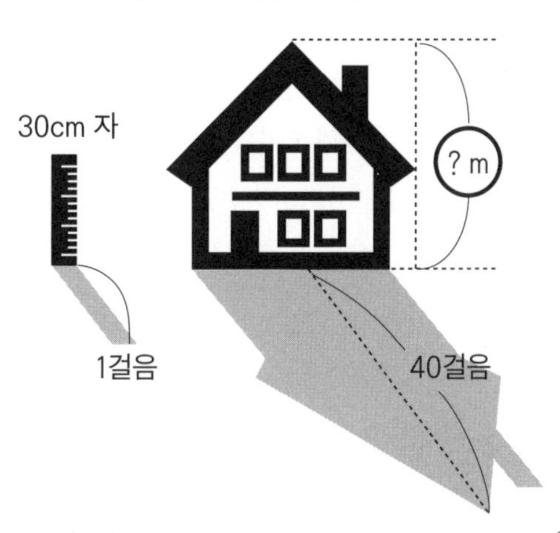

아버지께서는 30cm 자 하나와 아들의 걸음 수를 가지고 그림자의 길이를 측정한 것만으로도 집의 높이를 구하셨다고 합니다. 이것이 정말 가능할까요?

서로 닮은 삼각형에서 높이를 구하는 방법

이 문제는 닮음과 닮음비를 사용하면 간단히 풀 수 있습니다. **닮은 도형**이란, 형태가 완전히 똑같고 모든 변을 일정한 비율로 확대, 축소하면 겹쳐지는 도형을 의미합니다. 예를 들어, 삼각형의 닮음 조건은 다음과 같습니다.

• 삼각형의 닮음 조건 •

- **세 쌍의 변의 '비'가 모두 같다.**
- **두 쌍의 변의 '비'와 그 끼인 각이 모두 같다.**
- **두 쌍의 각의 크기가 각각 같다.**

문제에서 그림자가 만들어 내는 2개 삼각형의 각도에 주목해 보겠습니다. 자는 지면에 수직으로 놓여 있고, 집의 벽도 일반적으로 지면에 수직이기 때문에 지면에 대한 각도는 90°로 같습니다. 햇빛은 일정한 각도로 내리쬐기 때문에 햇빛에 의해 발생하는 물체와 그림자 끝부분의 각도 θ(세타)도 같습니다. 따라서 2개의 삼각형은 '2쌍의 각의 크기가 각각 같으므로' 닮음이라고 할 수 있습니다.

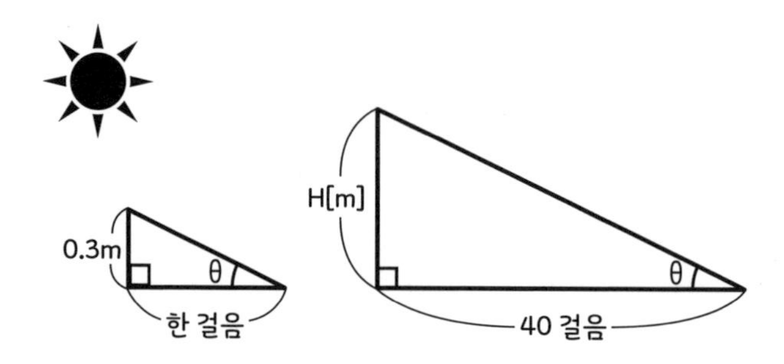

정답 집의 높이는 12m입니다!

집의 높이를 H[m]라고 하면 닮은 삼각형의 성질에 의해

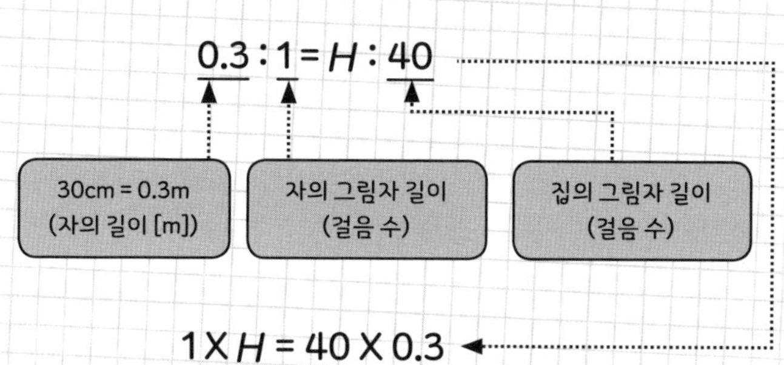

$$1 \times H = 40 \times 0.3$$
$$H = 12$$

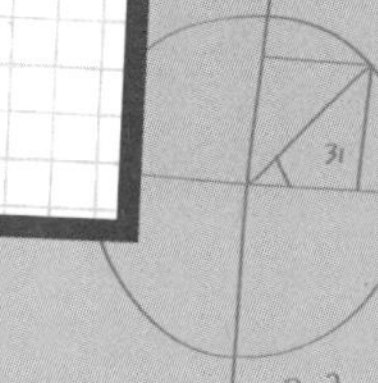

엎드려서 상체를 들어 올리면 누구의 상체가 더 높이 올라갈까요?

상체가 긴 편이 높이 올라갈까요, 유연한 편이 높이 올라갈까요?

문제

직각 삼각형의 성질을 가지고 높이를 구해 봅시다.

어머니와 딸이 바닥에 엎드린 상태에서 상체를 들어 올리는 운동을 하고 있습니다. 같은 각도(약 30°)씩 상체를 일으키고 있는데, 어머니의 머리가 딸보다 더 높은 위치까지 올라갔습니다. 어머니의 상체는 80cm이고 딸의 상체가 60cm이면, 어머니는 딸보다 몇 cm나 머리를 더 높이 들어 올린 것일까요?

이 문제는 특수한 직각 삼각형의 변의 비와 삼각비를 사용해서 풀 수 있습니다.

특수한 직각 삼각형의 변의 비

30°, 45°, 60°의 각도를 가지고 있는 직각 삼각형은 각 변의 비율이 정해져 있습니다. 삼각자 세트는 사실 아래와 같은 모양입니다.

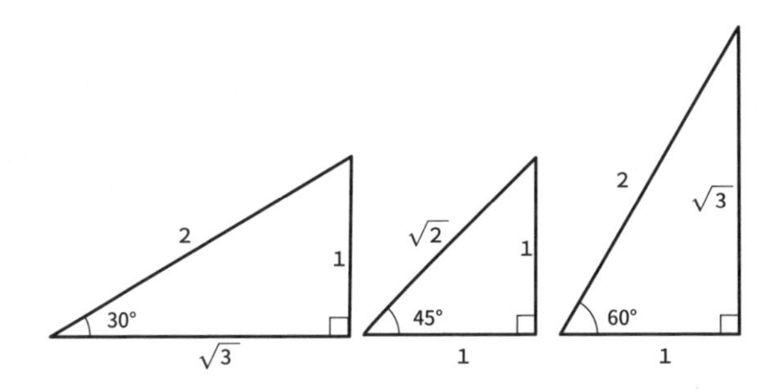

상체를 일으키고 있는 모습을 30°각을 가진 직각 삼각형이라고 생각해 봅시다. 어머니의 상체 길이는 80cm이므로 빗변이 80cm인 직각 삼각형의 모양이 됩니다. 앞서 살펴본 삼각형의 좌우가 반대라는 점을 주의하면서 살펴보면, 바닥에서 머리까지의 높이는 2:1의 관계에 따라 80cm의 절반인 40cm라는 것을 알 수 있습니다.

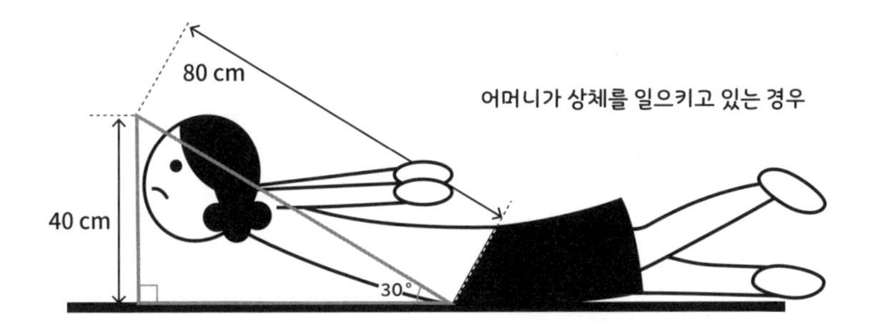

딸의 경우는 어떨까요? 어머니와 마찬가지로 30° 각도를 가진 직각 삼각형의 빗변에 딸의 상체 길이 60cm를 대입해서 생각해 봅시다. 그러면 바닥에서 머리까지의 높이는 2:1의 관계에 따라 60cm의 절반인 30cm가 됩니다.

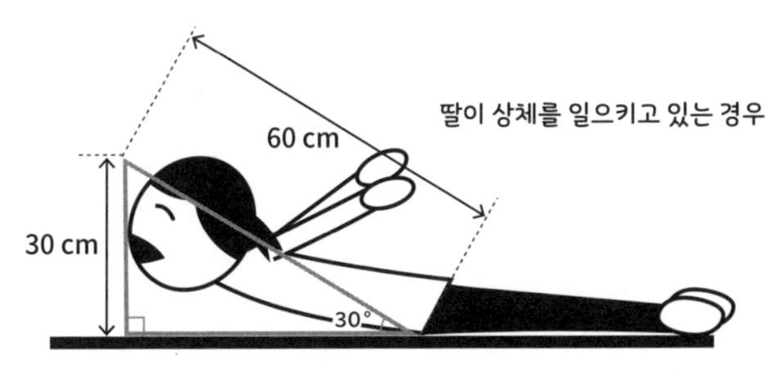

정답 어머니가 10cm 더 높이 올라갈 수 있습니다!

상체를 30° 각도까지 일으켜 세운 경우,

- 어머니 : 상체 길이 80cm, 바닥에서 머리까지의 거리 40cm
- 딸 : 상체 길이 60cm, 바닥에서 머리까지의 거리 30cm

빗변의 길이, 즉 상체의 길이가 다르면 30°로
동일하게 상체를 일으켜 세운다 하더라도 어머니 쪽이
40cm - 30cm = 10cm 만큼 높습니다!

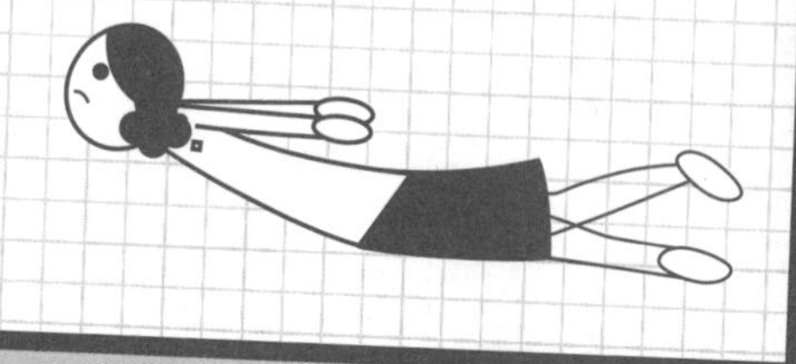

직각 삼각형과 삼각비

그러면 30°, 45°, 60°이외의 경우에는 이 문제를 어떻게 풀면 좋을까요? 바로 여기서 **삼각비**를 활용할 수 있습니다.

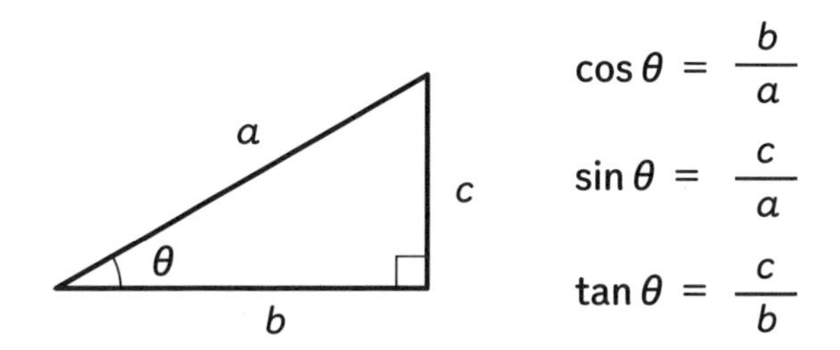

$$\cos\theta = \frac{b}{a}$$

$$\sin\theta = \frac{c}{a}$$

$$\tan\theta = \frac{c}{b}$$

$\cos\theta$, $\sin\theta$, $\tan\theta$

각각의 값은 삼각비 표에 따라 구할 수 있습니다.

θ(세타)는 직각 삼각형의 밑변과 빗변으로 만들어지는 각도입니다. 예를 들어, $\theta = 50°$이고 빗변의 길이가 80cm인 아래 그림과 같은 직각 삼각형이라면, 삼각비 표에서 x의 길이를 구할 수 있습니다.

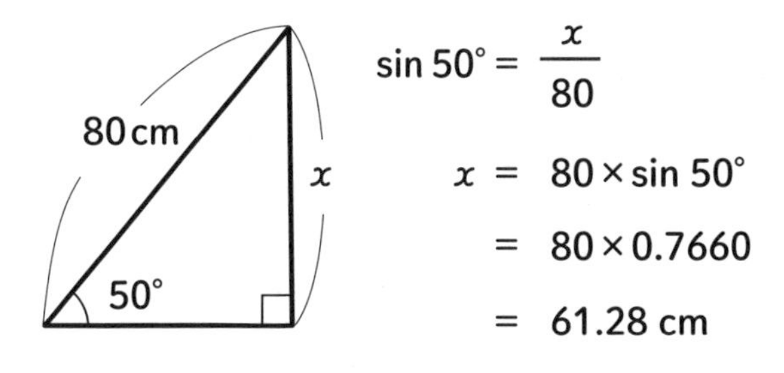

$$\sin 50° = \frac{x}{80}$$

$$x = 80 \times \sin 50°$$

$$= 80 \times 0.7660$$

$$= 61.28\ \text{cm}$$

삼각비 표를 이용하면 sin50° = 0.7660 입니다.

며칠 후 어머니는 35°까지, 딸은 요령을 깨달아 55°까지 올라갈 수 있었습니다. 그러면 이번에는 누구의 머리가 더 높이 올라간 것일까요? 삼각비의 표를 사용해서 계산해 봅시다. 삼각형의 좌우가 반대로 되어 있다는 점에 주의하시기 바랍니다.

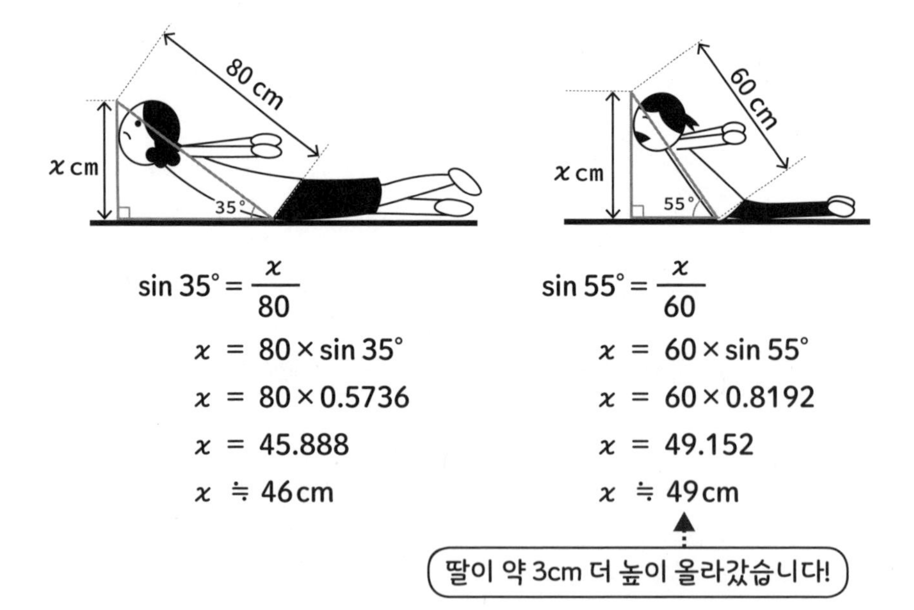

삼각비 표

θ	$\sin\theta$	$\cos\theta$	$\tan\theta$
30°	0.5000	0.8660	0.5774
35°	0.5736	0.8192	0.7002
40°	0.6428	0.7660	0.8391
45°	0.7071	0.7071	1.0000
50°	0.7660	0.6428	1.1918
55°	0.8192	0.5736	1.4281

패셔니스타가 옷을 코디하는 방법은?

10,000가지 방법으로 옷을 코디한다는 건 어느 정도인 걸까요?

문제

계절에 따라 옷을 다양하게 코디하지요. 이 옷으로 몇 가지 조합을 만들 수 있을까요?

어머니께서는 온라인 쇼핑몰에서 '이 옷가지로 1만 가지 조합이 가능합니다!' 라는 광고를 보고 지금 가지고 있는 봄, 여름 계절의 옷으로 몇 가지 조합이 가능할지 살펴보기로 했습니다. 옷장 안에는 모자가 4개, 셔츠 종류가 10벌, 외투가 5벌, 바지가 10벌 있었는데 이것만으로는 1만 가지 조합이 불가능할 것 같아서, 구두 5켤레도 포함시켜 생각해 보았습니다. 구두를 포함시키지 않은 상황과, 포함시킨 경우 각각 몇 가지 조합이 될까요?

10,000가지라니 얼마나 엄청난 조합일까요? 옷을 정말 좋아하는 엄청난 패셔니스타여야만 10,000가지 조합을 만들 수 있는 것일까요? **곱의 법칙**을 사용하여 함께 생각해 봅시다.

곱의 법칙을 사용해 계산해 봅시다.

• 곱의 법칙 •

사건 A가 일어나는 경우의 수가 m이고 그 각각의 경우에 관해 사건 B가 일어나는 경우의 수가 n일 때, A와 B가 동시에 일어나는 것은 m×n 가지입니다.

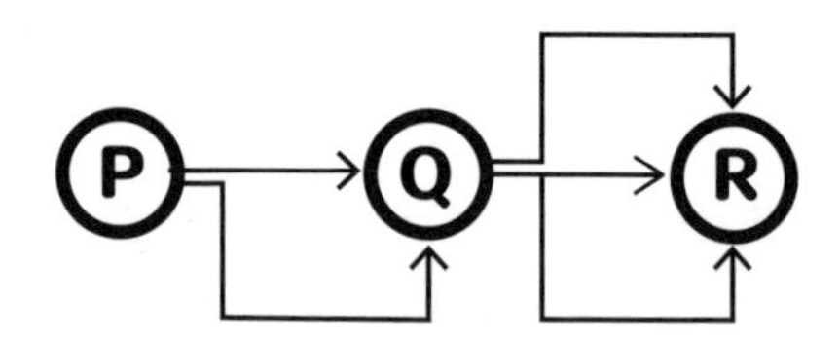

예를 들어, P지점에서 Q지점까지 가는 경로가 2가지이고 Q지점에서 R지점까지 가는 경로가 3가지인 경우, P지점에서 출발하여 Q지점을 통과해 R지점까지 가는 경로는 2 × 3 = 6가지입니다.

그럼 앞에서 언급한 사례에서 모자가 4개, 셔츠가 10벌이면 몇 종류의 조합이 될지 생각해 봅시다. 모자 하나당 조합할 수 있는 셔츠가 10벌이므로, 모자가 4개인 경우라면 4 × 10 = 40가지 조합이 됩니다. 여기에 외투 5벌을 포함하면 모자와 셔츠가 한 세트인 조합에 각각 5가지씩 증가하게 되므로 40 × 5 = 200가지 조합이 됩니다.

정답 구두를 포함하지 않으면 2,000가지 조합이 되고, 구두를 포함하면 10,000가지 조합이 됩니다!

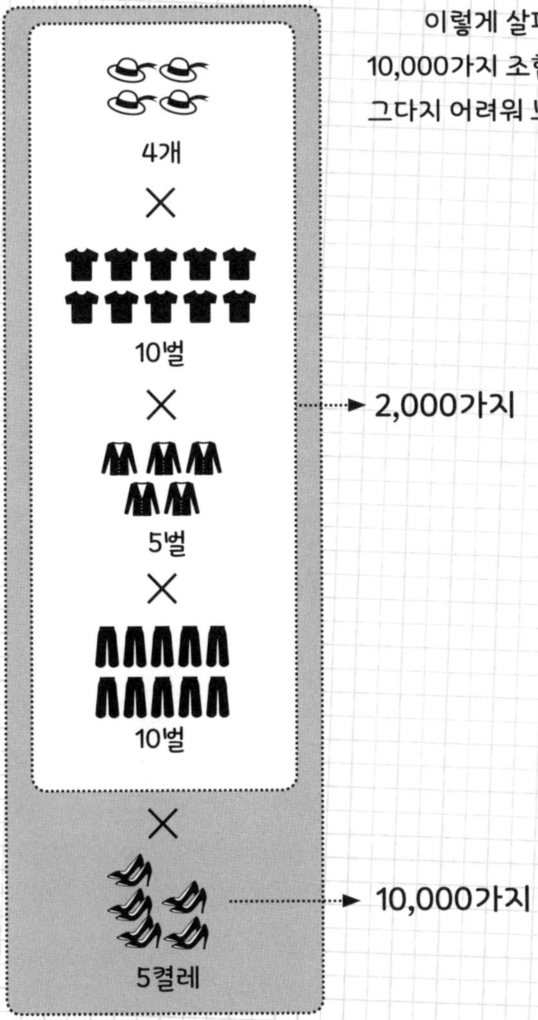

4개

×

10벌

×

5벌

×

10벌

→ 2,000가지

×

5켤레

→ 10,000가지

이렇게 살펴보니 옷을 10,000가지 조합으로 입는 것은 그다지 어려워 보이지 않습니다.

수제 머리끈을 만들어 볼까요?

구슬을 배열하는 방법을 생각해 봅시다.

문제

구슬 6개로 몇 종류의 머리끈을 만들 수 있을까요?

언니가 모양과 색이 각각 다른 6개의 구슬을 가지고 머리끈을 만들려고 합니다. 구슬을 배열하는 방법은 몇 종류가 있을까요?
단, 머리끈을 뒤집거나 회전시켰을 때 같아지지 않는 배열 방법이어야 합니다.

이 문제는 원순열과 목걸이 순열을 사용하여 풀 수 있습니다.

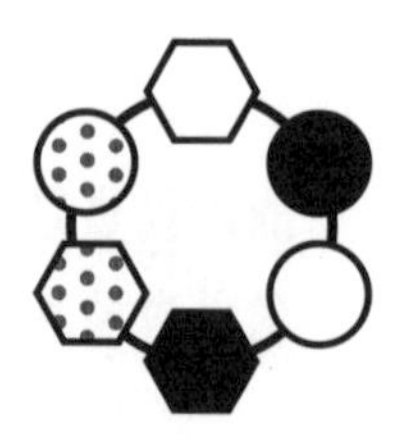

원순열이란

서로 다른 여러 개의 물체를 원형으로 배열한 것을 **원순열**이라고 합니다. 여기서는 A, B, C, D 4개의 구슬을 원형으로 배열하여 설명해 보겠습니다.

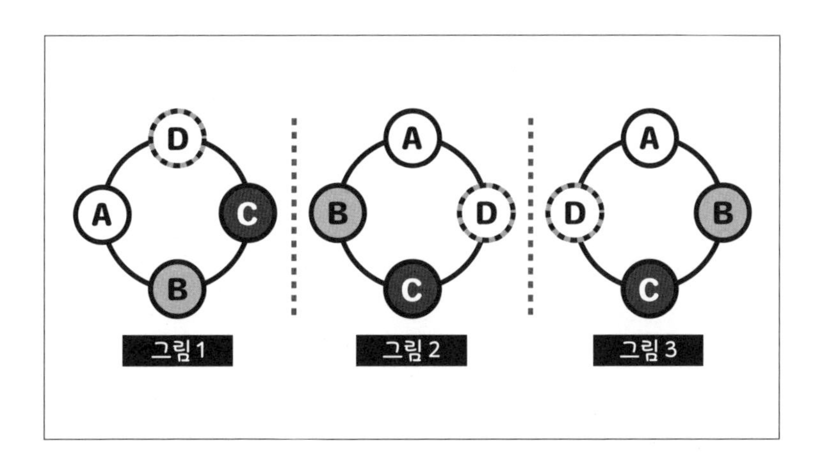

그림 2를 기준으로 생각해 봅시다. 그림 2를 반시계 방향으로 회전시키면 그림 1과 같아지므로 그림 1과 그림 2는 '동일한' 배열입니다.

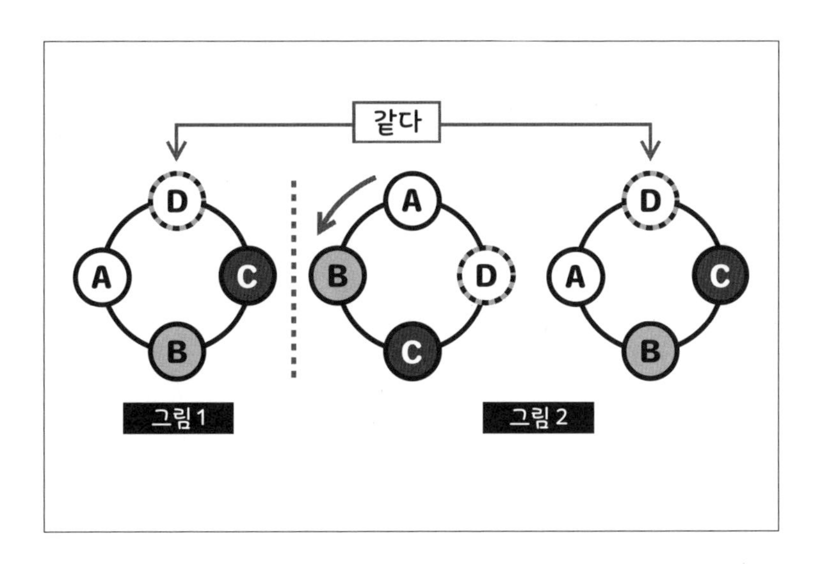

다음으로는, 그림 2와 그림 3을 비교해 봅시다. A를 기준으로 살펴보면 B의 위치가 그림 2에서는 오른쪽에, 그림 3에서는 왼쪽에 있으므로 이 둘은 '서로 다른' 배열입니다.

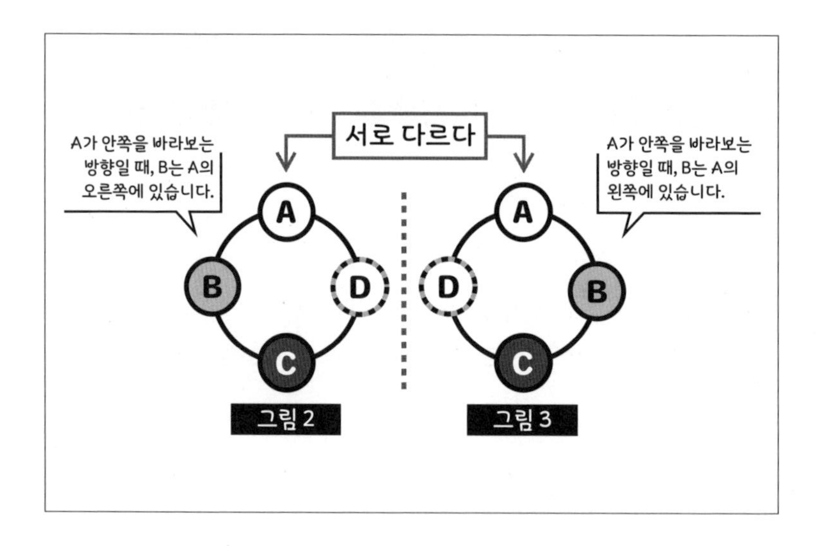

이처럼 원순열로 배열하는 수를 셀 때는 '하나의 위치를 고정'한 다음 살펴보아야 합니다. 이 예시에서는 구슬 A의 위치를 고정한 다음 B, C, D 구슬의 위치를 자유롭게 바꿀 수 있으므로

$$3! = 3 \times 2 \times 1 = 6$$

이기 때문에, 모두 6가지 배열 방법이 있습니다. '!'는 계승을 표시하는 기호입니다. 자세한 것은 책 뒤편 부록에 있는 '09 경우의 수, 순열, 조합'을 참조하기 바랍니다.

목걸이(염주) 순열이란?

염주나 팔찌와 같은 모양을 한 물체는 뒤집었을 때 배열이 같아지는 경우가 있습니다. 이것을 **목걸이 순열**이라고 합니다. 원순열에서 사용한 것과 같은 그림을 사용해서 생각해 봅시다. 원순열에서는 그림2와 그림3은 '서로 다른' 배열입니다. 그러면 여기서 그림3을 뒤집어 봅시다.

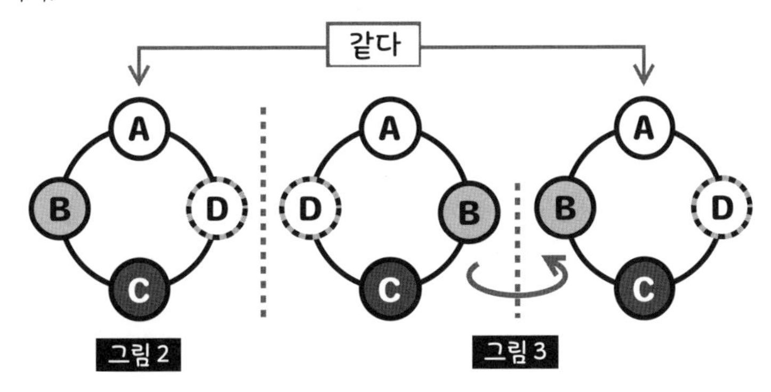

그림3을 뒤집으면 그림2와 동일한 배열이 되는 것을 알 수 있습니다. 즉, 목걸이 순열은 앞면과 뒤집은 면 이 2가지를 같은 것으로 생각하기 때문에 배열 방식은 원순열의 결과를 2로 나눈 것이 됩니다. 그러므로 원순열에서 배열 방법 6가지가 나왔다면, 목걸이 순열에서는 3가지 방법이 됩니다.

• 원순열, 목걸이 순열 •

- 서로 다른 n개의 원순열의 총 개수 $(n-1)!$ 가지
- 목걸이 순열의 총 개수 $\frac{(n-1)!}{2}$ 가지

정답 구슬 배열 방법은 60가지입니다!

머리끈은 회전시키거나 뒤집으면 같은 배열이 되는
경우가 있으므로, 목걸이 순열

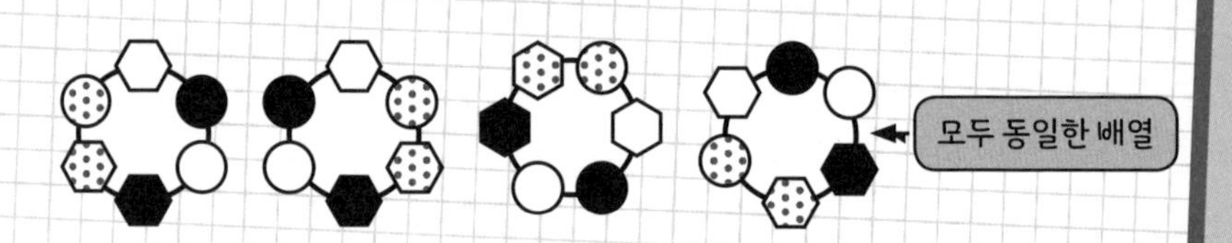

6개의 서로 다른 구슬을 바꿔 끼우는 것이므로,
배열 방법을 구하는 식은

$$\frac{(n-1)!}{2} = \frac{(6-1)!}{2} = \frac{5!}{2} = \frac{5 \times 4 \times 3 \times 2 \times 1}{2} = 60$$

60가지 방법

서로 다른 배열

색이나 모양이 서로 다른 구슬이 6개 있다면 머리끈을 만들 수 있는
배열 방법이 60가지이니, 여러 모양으로 즐겁게 구상해 볼 수 있겠
습니다.

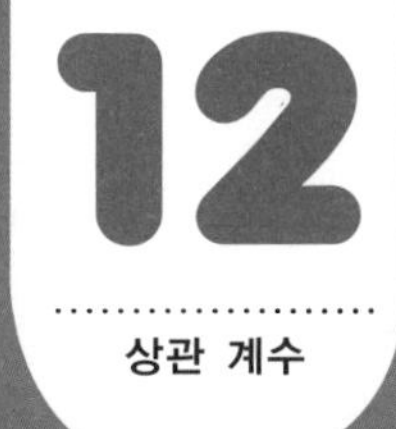

기온과 주스 소비량은 서로 관계가 있을까요?

기온과 주스 소비량이 관계가 있다면, 얼마나 될까요? 많을까요? 적을까요?

문제

평균 기온과 우리 집의 주스 소비량은 관계가 있을까요?

아버지와 어머니께서 잡지에 실린 '상관 계수'에 관심을 가지셨습니다. 우리 집에서 상관관계가 있을 만한 것을 찾아보니 기온과 주스 소비량이 관련이 있을 것 같아 표를 만들어 보았습니다. 이 표를 가지고 평균 기온과 주스 소비량의 상관관계를 구해 봅시다.

	평균 기온 (°C)	주스 소비량 (병)
1월	−1	14
2월	0	8
3월	4	15
4월	10	18
5월	17	30
6월	23	26
7월	28	32
8월	29	45
9월	23	41
10월	16	18
11월	10	21
12월	5	20

상관 계수란 무엇일까요?

상관이란 두 사건의 관계성을 의미하는 것인데, 관계의 정도를 수치로 나타낸 **상관 계수**를 사용하면 두 사건에 관련성이 있는지를 알 수 있습니다. 상관 계수는 −1 ~ +1의 숫자로 표시할 수 있으며 +1인 경우 완전한 정(正)적 상관, −1이면 완전한 부(負)적 상관을 나타냅니다. 0인 경우는 상관이 없음을 의미합니다.

대부분의 경우 정적 상관관계를 먼저 보기 때문에 '+1에 얼마나 가까운지'를 확인합니다. 실제 데이터는 상관관계가 대략 +0.6 ~ +0.8 정도면 충분한 상관이 있다고 간주하고, +0.3보다 작은 것은 상관이 없다고 할 수 있습니다. 상관 계수 ρ(로우)는 다음 식으로 구할 수 있습니다.

$$\rho = \frac{x\text{와 } y\text{의 공분산}}{(x\text{의 표준 편차}) \times (y\text{의 표준 편차})} = \frac{x\text{와 } y\text{의 공분산}}{\sqrt{x\text{의 분산}} \times \sqrt{y\text{의 분산}}}$$

여기서는 상관이 있는지를 확인하는 것이 목적이므로, 위의 식에 언급된 분산, 공분산, 표준 편차 등의 용어는 설명하지 않겠습니다. 앞쪽 문제의 표에서 x를 평균 기온, y를 주스 소비량이라 했을 때,

x와 y의 공분산 = 95,

$\sqrt{x\text{의 분산}} = \sqrt{102.4} \fallingdotseq 10.12$, $\sqrt{y\text{의 분산}} = \sqrt{114.0} \fallingdotseq 10.68$

입니다. 이 값을 상관 계수를 구하는 식에 대입해 봅시다.

정답 기온이 상승하면 주스를 마시고 싶어집니다!

평균 기온(℃)과 주스 월간 소비량(병 수)에 관한 상관 계수는

$$\rho = \frac{95}{\sqrt{102.4} \times \sqrt{114.0}} \fallingdotseq \frac{95}{10.12 \times 10.68} \fallingdotseq \mathbf{0.88}$$

0.88은 +1에 아주 가까운 값이므로 이 두 사건의 상관관계는 제법 강합니다. 즉, 기온이 상승하면 그만큼 주스를 많이 마신다는 것을 알 수 있지요.

정당 지지율이 어떤 의미이고 얼마나 정확할까요?

정당 지지율이 얼마인지 살펴보고 해석 방법을 알아봅시다.
유효 응답수도 확인해야 합니다.

문제

정당 지지율은 얼마나 정확할까?

선거가 다가오면 신문사나 방송국에서 여론 조사를 진행하고 정당 지지율을 발표합니다.

○○ TV에서 X월 XX일과 XX일에 실시한 전국 여론 조사에서 ○○정당을 지지한다고 답한 사람은 ○○%, 지지하지 않는다고 답한 사람은 ○○%였습니다. 조사 대상자 수는 XXXX 명, 유효 응답수는 XXX 명이었습니다.

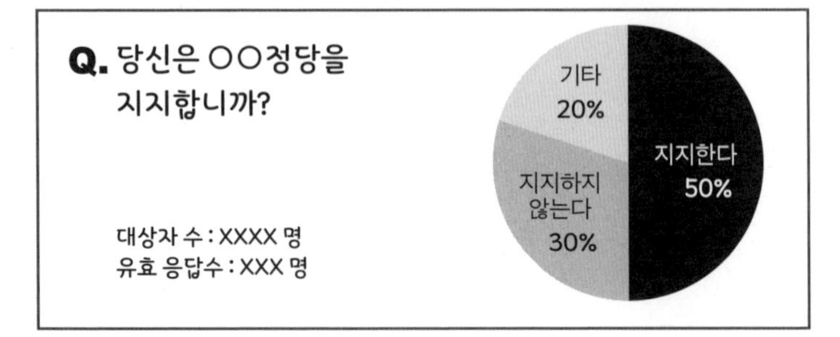

예를 들어 정당을 지지한다고 응답한 사람이 50%, 유효 응답수가 1,000명인 경우, 전체 유권자를 조사한 지지율을 '실제 정당 지지율'이라고 하면 그 수는 어느 정도일까요? 그리고 유효 응답수가 500명, 10,000명인 경우는 어느 정도 차이가 날까요?

선거 시기뿐만 아니라 중요한 사건이 일어난 경우에도 신문사나 방송국들은 여론 조사를 진행하고 정당 지지율을 발표합니다. 그러나 보도 내용에 따르면 유효 응답수가 1,000명 정도인 경우도 자주 있는 것 같습니다. 이때 실제 정당 지지율은 어느 정도인지 생각해 봅시다. 또한 유효 응답수와 조사를 통해 확인한 정당 지지율을 비교해 봅시다.

모비율 추정

통계적인 방법을 사용해서 이 정당 지지율이 어느 정도 정확한지 확인해 봅시다. 먼저 여기서 사용하는 통계 용어에 관해 간단하게 설명하겠습니다.

- **모집단**
  조사 대상에 해당하는 모든 사람, 사물, 사상을 의미합니다. 정당 지지율의 경우에는 전체 유권자 수를 의미합니다.
- **비율**
  전체에서 차지하는 정도를 의미합니다.
- **모비율**
  모집단의 비율. 실제 정당 지지율을 의미합니다.
- **샘플수**
  모집단에서 선정한 수, 표본이라고도 합니다. 정당 지지율의 경우에는 유효 응답 수를 의미합니다.
- **표본 비율**
  샘플에서 얻은 비율입니다. 조사가 완료된 정당 지지율도 표본 비율에 속합니다.

모집단이 '전체 유권자'처럼 너무나 큰 수인 경우, '전체 유권자'를 조사하기란 불가능하므로 비율을 구할 수가 없습니다. 그래서 조사 대상을 결정하고, 조사 대상에서 샘플을 정해 표본 비율을 구합니다. 표본 비율을 구하고 나면 다음 식을 활용해서 '모비율이 어느 정도 범위에 속해 있는지'를 알 수 있습니다.

예를 들면, '95%의 확률로 모비율이 있는 구간'은 '표본 비율에서 위아래로 몇%'라고 나타낼 수 있으며 다음의 식을 사용해서 구합니다.

• 모비율이 있는 범위(표본 비율을 기준으로 함) •

$$\rho - 1.96 \times \sqrt{\frac{\rho(1-\rho)}{n}} \sim \rho + 1.96 \times \sqrt{\frac{\rho(1-\rho)}{n}}$$

n : 샘플수, ρ : 표본 비율

지금은 통계에 관해 배우는 것이 아니기에 식을 도출하는 과정은 생략하겠습니다. 그러면 이 식의 의미를 확인해 봅시다.

샘플수 n이 분모이기 때문에 샘플수가 커질수록 전체 값이 작아지며 '모비율이 있는 범위'가 좁아집니다. 이것은 샘플수가 커질수록 실제 값(=모비율)에 더욱 가까워지는 것을 의미하며 '실제 값에 가까워진다.'는 것은 조사가 불가능한 '전체 유권자를 조사한 정당 지지율에 가까워진다.'는 의미입니다.

'100%'는 있을 수 없다는 것이 통계의 핵심입니다.

통계에서 예를 들면, '95%의 확률로'라는 것이 핵심입니다. 통계에서는 '100%'가 있을 수 없습니다. 샘플 내용이 한쪽으로 치우쳐져 있을 수 있고, 우연히 설문 조사 응답자가 모두 같은 대답을 할 수도 있기 때문입니다.

올림픽에서 한국 선수가 금메달을 많이 획득해서 모두가 기분이 좋을 때 '경제 상황이 좋은가요? 나쁜가요?'라고 물으면 모두 '좋아요'라고 답할 것입니다.

그러므로 여기서 언급한 사례의 경우 '어디까지나 95%의 확률 범위 내에 있지만, 남은 5%의 확률이 그 범위 밖일 수도 있습니다.

그러나 5%는 꽤 낮은 확률이기 때문에 거의 그 범위 이내라고 볼 수 있을 것입니다.'라고 해석할 수 있습니다.

그럼 유효 응답수(샘플수) 1,000명, 정당 지지율(표준 비율) 50%일 때의 실제 정당 지지율(모비율)이 있는 범위를 구해 봅시다.

정답 46.9% ~ 53.1% 사이에 있을 확률이 95%입니다!

모비율이 있는 범위의 식에
유효 응답수 $n = 1{,}000$,
정당 지지율(표본 비율) $\rho = 0.5$ (= 50%)를 대입하면,

모비율이 있는 범위(표본 비율을 기준으로 해서)

$$\rho - 1.96 \times \sqrt{\frac{\rho(1-\rho)}{n}} = 0.5 - 1.96 \times \sqrt{\frac{0.5 \times (1-0.5)}{1000}}$$

$$\fallingdotseq 0.5 - 0.031 \fallingdotseq 0.469 \fallingdotseq 46.9\,\%$$

$$\rho + 1.96 \times \sqrt{\frac{\rho(1-\rho)}{n}} = 0.5 + 1.96 \times \sqrt{\frac{0.5 \times (1-0.5)}{1000}}$$

$$\fallingdotseq 0.5 + 0.031 \fallingdotseq 0.531 \fallingdotseq 53.1\,\%$$

실제 정당 지지율 : 46.9% ~ 53.1% 사이에 있을 확률이
95%입니다!

유효 응답수가 다를 경우를 비교해 봅시다.

계속해서 유효 응답수(샘플수)가 500명일 경우와 10,000명일 경우의 실제 정당 지지율(모비율)이 있는 범위를 계산하고 비교해 봅시다. 각각의 값을 모비율이 있는 범위 식에 대입할 것입니다.

〈유효 응답수가 500명, 정당 지지율이 50%인 경우〉
유효 응답수 $n = 500$,
정당 지지율(표본 비율) $\rho = 0.5$(= 50%)를 대입하면,

- **모비율이 있는 범위**(표본 비율을 기준으로 함)

$$\rho - 1.96 \times \sqrt{\frac{\rho(1-\rho)}{n}} = 0.5 - 1.96 \times \sqrt{\frac{0.5 \times (1-0.5)}{500}}$$
$$\fallingdotseq 0.5 - 0.044 \fallingdotseq 0.456 \fallingdotseq 45.6\,\%$$

$$\rho + 1.96 \times \sqrt{\frac{\rho(1-\rho)}{n}} = 0.5 + 1.96 \times \sqrt{\frac{0.5 \times (1-0.5)}{500}}$$
$$\fallingdotseq 0.5 + 0.044 \fallingdotseq 0.544 \fallingdotseq 54.4\,\%$$

유효 응답수가 1,000명일 때보다
범위가 조금 더 넓어졌습니다.

실제 정당 지지율 : 45.6% ~ 54.4% 사이에 있을 확률이 95%입니다!

〈유효 응답수가 10,000명, 정당 지지율이 50%인 경우〉

유효 응답수 $n = 10,000$,

정당 지지율(표본 비율) $p = 0.5$(= 50%)를 대입하면,

• **모비율이 있는 범위**(표본 비율을 기준으로 함)

$$p - 1.96 \times \sqrt{\frac{p(1-p)}{n}} = 0.5 - 1.96 \times \sqrt{\frac{0.5 \times (1-0.5)}{10000}}$$

$$\fallingdotseq 0.5 - 0.010 \fallingdotseq 0.490 \fallingdotseq 49.0\%$$

$$p + 1.96 \times \sqrt{\frac{p(1-p)}{n}} = 0.5 + 1.96 \times \sqrt{\frac{0.5 \times (1-0.5)}{10000}}$$

$$\fallingdotseq 0.5 + 0.010 \fallingdotseq 0.510 \fallingdotseq 51.0\%$$

실제 정당 지지율 : 49.0% ~ 51.0% 사이에 있을 확률이 95%입니다!

49.0% ~ 51.0% 범위에 95% 확률로 실제 모비율이 있는 것을 알 수 있습니다. 거의 50%에 근접합니다. 10,000명을 조사하면 실제 정당 지지율과 표본 비율이 거의 비슷한 값이라는 것을 확인할 수 있습니다. 유효 응답수가 수백 명 정도이면 실제 정당 지지율을 포함하는 범위가 ±몇%에 불과하지만 10,000명인 경우에는 ±1% 이내가 되어 거의 정확하다는 것도 확인할 수 있었습니다.

이번에는 정당 지지율의 유효 응답수에도 주목해 봅시다. 혹시 지금까지의 설명을 통해서 모비율을 추정할 때 모집단 인원수는 관계가

없다는 것을 알아차리셨습니까? 관련이 있는 것은 샘플수와 표본 비율뿐이며, 본문에서는 유효 응답수와 정당 지지율뿐입니다.

정당 지지율(표본 확률)이 다를 경우를 비교해 봅시다.

그럼 유효 응답수 1,000명에 대해 정당 지지율이 60%와 40%일 때의 실제 정당 지지율은 어느 범위에 속할까요? 모비율이 있는 범위의 식에 값을 대입해 계산해 봅시다.

〈유효 응답수가 1,000명, 정당 지지율이 60%인 경우〉

유효 응답수 $n = 1{,}000$,

정당 지지율(표본 비율) $\rho = 0.6$(= 60%)를 대입하면,

• 모비율이 있는 범위(표본 비율을 기준으로 함)

$$\rho - 1.96 \times \sqrt{\frac{\rho(1-\rho)}{n}} = 0.6 - 1.96 \times \sqrt{\frac{0.6 \times (1-0.6)}{1000}}$$

$$\fallingdotseq 0.6 - 0.030 \fallingdotseq 0.570 \fallingdotseq 57.0\,\%$$

$$\rho + 1.96 \times \sqrt{\frac{\rho(1-\rho)}{n}} = 0.6 + 1.96 \times \sqrt{\frac{0.6 \times (1-0.6)}{1000}}$$

$$\fallingdotseq 0.6 + 0.030 \fallingdotseq 0.630 \fallingdotseq 63.0\,\%$$

실제 정당 지지율 : 57.0% ~ 63.0% 사이에 있을 확률이
95%입니다!

〈유효 응답수가 1,000명, 정당 지지율이 40%인 경우〉

유효 응답수가 $n = 1{,}000$,

정당 지지율 (표본 비율) $p = 0.4(=40\%)$를 대입하면,

- **모비율이 있는 범위**(표본 비율을 기준으로 함)

$$p - 1.96 \times \sqrt{\frac{p(1-p)}{n}} = 0.4 - 1.96 \times \sqrt{\frac{0.4 \times (1-0.4)}{1000}}$$

$$\fallingdotseq 0.4 - 0.030 \fallingdotseq 0.370 \fallingdotseq 37.0\,\%$$

$$p + 1.96 \times \sqrt{\frac{p(1-p)}{n}} = 0.4 + 1.96 \times \sqrt{\frac{0.4 \times (1-0.4)}{1000}}$$

$$\fallingdotseq 0.4 + 0.030 \fallingdotseq 0.430 \fallingdotseq 43.0\,\%$$

실제 정당 지지율 : 37.0% ~ 43.0% 사이에 있을 확률이 95%입니다!

실제로는 정당 지지율(표본 비율)이 60%(=0.6)와 40%(=0.4)일 때 모비율이 있는 범위 값은 약 ±3.0% 로 완전히 동일합니다.

이것은 $\sqrt{\ }$안에 있는 분자가 $p(1-p)$이므로 $p = 0.6$과 $p = 0.4$일 때, 결과적으로 분자 값이 같아지는 것입니다. 또한 정당 지지율(표본 비율)이 50%일 때는 이 범위가 ±3.1%이었기 때문에 60%, 40%와 큰 차이는 없다는 것도 확인할 수 있습니다.

대중 매체에서 보도하는 정당 지지율을 확인하는 법

예를 들어 각 매체에서 '정당 지지율이 44%'라고 보도하면, 그 값에 ±3.0%를 해서, 실제 정당 지지율이 있는 범위는 41%~47% 정도라고 생각할 수 있을 것입니다. '정당 지지율이 57%'라고 한다면, 54%~60% 정도인 것입니다.

그러면 지금까지의 설명을 통해서 '정당 지지율이 40%로 떨어졌습니다!'라는 표현은 정확한 정보가 아니라는 것을 파악하셨나요? '40%로 떨어졌다.'고 말하지만, 실제 정당 지지율을 포함하는 범위를 고려해야 하므로 40%를 초과할 수도 있는 것입니다.

그리고 여론 조사 방법은 조사 목적에 따라 조사 대상으로 할 사람의 범위를 정하고 이에 해당하는 모집단 속에서 실제로 조사할 적당 인원을 일정한 기준과 절차에 따라 선정합니다.

이를 표본 추출이라 하는데 표본의 좋고 나쁨에 따라 표본 집단의 의견 분포에서 정밀도가 크게 달라집니다. 그래서 오늘날에는 확률에 근거한 정교하고 치밀한 표본 추출법이 실시되고 있습니다.

조사 수단으로는 질문지를 이용한 우송법, 면접법, 전화 등 여러 방법이 있으나 모두 장단점이 있으므로 조사 목적과 대상, 시간적 제약 등의 여러 조건을 고려하여 적합한 방법을 선택해야 합니다.

용돈을 매주 2배씩 불리는 방법이 있을까요?

처음 1원씩 받기 시작한 용돈은 1년 후 과연 얼마가 될까요?

문제

용돈은 1년 후에 얼마가 될까요?

아들은 매주 용돈을 받고 있습니다. 아버지와 어머니께서는 '이번 시험에서 100점을 받으면' 용돈을 더 주겠다고 다음과 같이 약속을 하였습니다.

1원에서 시작하여 다음 주에는 그 2배인 2원을, 그다음 주에는 2원의 2배인 4원…… 이렇게 용돈을 매주 2배씩 늘려 갑니다.

이때 1년을 48주라고 하면, 1년 후 아들의 용돈은 얼마가 될까요?

이번 시험에서 100점을 받더라도 처음 받는 용돈은 겨우 1원에 불과합니다. 2배로 증가되어도 겨우 2원이지요. 그러면, 이 방법을 계속 반복해 나갈 때 1년 후에는 용돈이 얼마로 증가할까요?

지수와 지수 함수의 그래프

이 문제에서는 지수와 지수 함수의 그래프를 떠올려 보면서 증가 폭이 어떻게 점점 커지는지를 함께 살펴보도록 합시다. 마지막에는 분명 엄청난 폭으로 증가할 것입니다.

2^3 (=2 × 2 × 2), a^2 (=a × a) 처럼, 오른쪽 위의 작은 숫자를 가지고 곱셈을 표현한 것을 **거듭제곱**(누승)이라고 하며, 오른쪽 위의 작은 숫자를 거듭제곱의 **지수**라고 합니다. 또한 $y=2^x$, $y=a^x$처럼 지수가 x인 함수를 **지수 함수**라고 합니다.

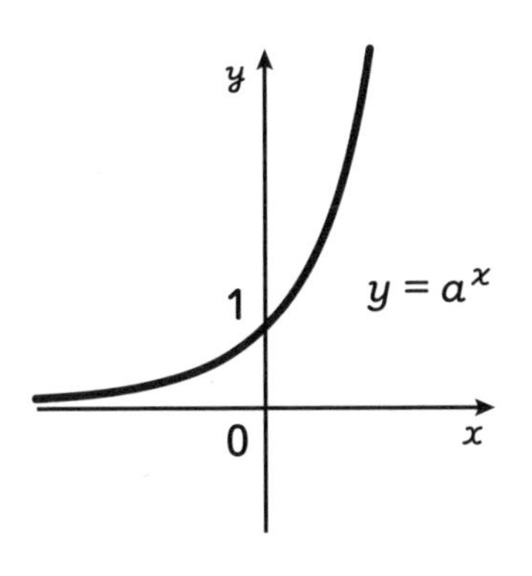

① $a>1$일 때의 $y=a^x$의 그래프

② $0<a<1$일 때의 $y=a^x$의 그래프

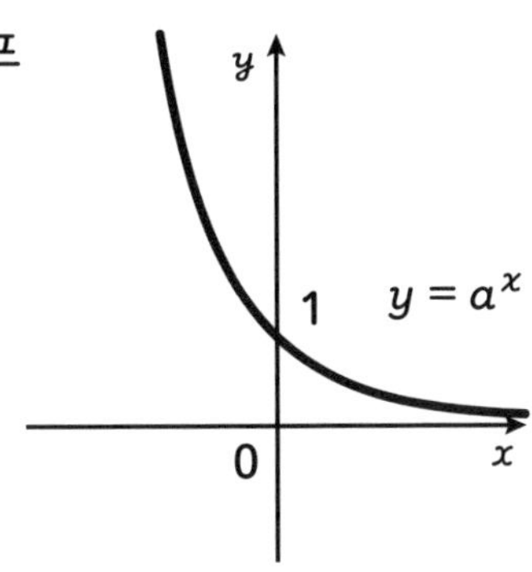

그러면 $y=2^x$의 그래프를 그려 봅시다. 먼저, x를 0, 1, 2,…… 로 증가시켰을 때의 y의 값을 계산해 봅시다.

$2^0=1$, $2^1=2$, $2^2=2\times 2=4$, $2^3=2\times 2\times 2=8$, ……

x의 값	0	1	2	3	4	5	6	……
y의 값	1	2	4	8	16	32	64	……

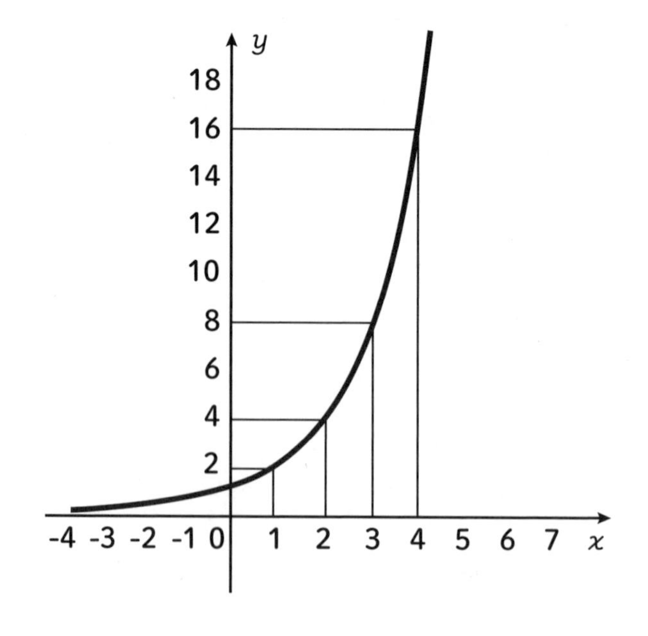

그래프를 보면 알 수 있듯이 $x=1, 2, 3, 4,$ …… 로 증가함에 따라 y가 2배씩 늘어나는데, 그 폭이 점차 커지는 것을 볼 수 있습니다.

그러면 아들의 용돈을 계산해 봅시다. 처음에는 1원이라는 아주 적은 금액으로 시작했는데, 48주가 지난 후에 용돈은 과연 어떻게 변했을까요?

정답 1년 후의 용돈은 이렇게 증가했습니다!

1주차	1원
2주차	1원 X 2 = 2원
3주차	1원 X 2 X 2 = 1 X 2^2 = 4원
4주차	1원 X 2 X 2 X 2 = 1 X 2^3 = 8원
5주차	1원 X 2^4 = 16원
6주차	1원 X 2^5 = 32원
7주차	1원 X 2^6 = 64원
8주차	1원 X 2^7 = 128원
9주차	1원 X 2^8 = 256원
10주차	1원 X 2^9 = 512원
11주차	1원 X 2^{10} = 1,024원
12주차	1원 X 2^{11} = 2,048원
13주차	1원 X 2^{12} = 4,096원
14주차	1원 X 2^{13} = 8,192원
15주차	1원 X 2^{14} = 16,384원
16주차	1원 X 2^{15} = 32,768원
……	
47주차	1원 X 2^{46} = 70,368,744,177,664원
48주차	1원 X 2^{47} = 140,737,488,355,328원

1개월이 지났는데 겨우 8원입니다.

11주가 되어서야 비로소 약 1,000원입니다

무려 140조 원을 초과합니다!

48주차에는 무려 140조 원을 초과하는 금액이 된다는 것을 알 수 있습니다. 용돈을 준다는 약속을 할 때는 적어도 '3개월 동안만(12주차에 약 2,000원)' 처럼 기간을 정해 놓고 약속하는 것이 좋을 것 같습니다.

2장

'외출할 때' 편

저렴한 주유소를 찾아가는 것이 정말 이득이 될까요?

연비에 관해 생각해 봅시다.

문제

어느 주유소에서 주유하는 것이 더 나을까요?

아버지께서 운전하시던 중, 주유소에 들르셨습니다.

- 아주 가까운 곳에 있는 주유소 : 1,200원/L
- 2km 떨어진 곳에 있는 주유소 : 1,180원/L (20원이 더 저렴합니다.)
- 주유하는 휘발유의 양 : 40L
- 자동차의 연비 : 10km/L

이 경우, 더 저렴한 주유소까지 가서 주유하는 것이 더 나을까요?

더 저렴한 주유소로 가기 위해 몇 km나 이동하는 것이 과연 이익일까요? 앞서 언급한 조건의 경우 계산하는 비용을 비교해서 생각해 봅시다.

단위당 계산을 해 봅시다.

자동차의 연비는 휘발유 1L당 주행할 수 있는 거리를 의미하며,

$$\text{연비 [km/L]} = \frac{\text{주행한 거리 [km]}}{\text{사용한 휘발유의 양 [L]}}$$ 에서,

$$\text{사용한 휘발유의 양 [L]} = \frac{\text{주행한 거리 [km]}}{\text{연비 [km/L]}}$$

라는 공식이 성립합니다. 이 식을 통해 2km 떨어져 있는 곳의 주유소까지 이동하는 경우에 사용된 휘발유의 양을 계산해 보면, 연비가 10km/L이므로,

$$\text{사용한 휘발유의 양 [L]} = \frac{\text{주행한 거리 [km]}}{\text{연비 [km/L]}} = \frac{2\text{km}}{10\text{km/L}} = 0.2\text{L}$$

여기서 0.2L는 2km를 이동하기 위해 휘발유를 0.2L 사용한 것이므로, 원래는 40L를 주유할 것이지만 2km 떨어져 있는 주유소에 가는 경우에는 40L + 0.2L = 40.2L를 주유한다고 가정합시다. 이제부터는 어느 주유소에서 주유하는 것이 이익인지 계산해 봅시다.

정답 2km 떨어진 곳의 주유소에서 주유하는 것이 더 저렴합니다. 하지만……

- 가까운 곳에 있는 주유소에서 40L를 주유한 경우에 계산하는 금액은
  1,200원/L × 40L = 48,000원

- 2km 떨어진 곳의 주유소에서 40.2L를 주유한 경우에 계산하는 금액은
  1,180원/L × 40.2L = 47,436원

이므로 차액은 **48,000원 - 47,436원 = 564원 ≒ 560원**

이 결과에서 차액이 약 560원이라는 것을 보니 어떤 생각이 드시나요? 계산할 금액만을 단순히 비교한다면 2km 떨어진 주유소에서 주유하는 편이 이익일 것입니다. 그러나 금액은 약 560원 정도밖에 차이가 나지 않습니다.
예를 들어, 2km를 이동하는데 10분이 걸린다고 하면 그 10분으로 560원 이상의 가치를 지닌 다른 일(업무나 집안일, 육아 등)을 하는 것이 낫다고 생각이 든다면 일부러 멀리 떨어진 주유소까지 갈 필요는 없을 것입니다.
여러분이 더 중요하게 생각하는 것에 따라 어느 쪽이 더 이익일지 판단해 보시기 바랍니다.

혼잡률이 100%라면 지하철이 만원이라는 의미일까요?

지하철 혼잡도에 관해 생각해 봅시다.

문제

혼잡률이 100%일 경우 차량의 인구 밀도는 얼마일까요?

가족이 함께 지하철에 타고 있는데, 승객이 점점 많아져 지하철 안이 매우 혼잡해졌습니다. 좌석은 꽉 찼고 승객 대부분 손잡이를 잡고 서 있으며, 출입문 근처에도 사람이 서 있습니다. 아들은 얼마 전에 학교에서 배운 '밀도'에 관한 부분이 생각났습니다. 그래서 지금 타고 있는 지하철 차량의 인구 밀도를 생각했습니다. 아버지께서는 "지금의 상태를 혼잡률로 표현하면 거의 100%이군."하고 말씀하셨습니다. 다음과 같은 조건에서 이 차량의 혼잡한 정도를 인구 밀도로 나타내 봅시다.

- 탑승 중인 차량의 정원 : 160명(좌석수 51석)
- 탑승 중인 차량의 바닥 면적 : $60m^2$

혼잡률은 출퇴근 시간 때 지하철이 붐비는 정도를 나타내는 지표입니다. 혼잡률이 '100%'라는 표현을 들으면 '지하철이 만원인 상태'가 떠오를지 모릅니다. 하지만 실제로는 그렇지 않습니다. 혼잡률에 관해 '서울도시철도공사'에서 아래와 같이 정의하고 있습니다.

• 도시 광역 철도의 혼잡도 기준 •

[100%] = 손잡이를 모두 잡고 각 출입문에 2명씩 서 있다.
[150%] = 손잡이를 모두 잡고 중앙에 2열, 각 출입문에 8명 정도 서 있다.
[175%] = 손잡이를 모두 잡고 중앙에 3열, 각 출입문에 8명 정도 서 있다.
[200%] = 손잡이를 모두 잡고 중앙에 3열, 각 출입문에 10명 정도 서 있다.
[250%] = 차량 중앙부와 각 출입문의 혼잡이 심하고 승객의 신체가 압박된 상태이다.

*출처: 서울도시철도공사

위에서 언급한 혼잡률에 관한 정의를 이용해서 아들이 타고 있는 차량의 인구 밀도를 계산해 봅시다.

밀도와 혼잡율

밀도란 일반적으로 단위 부피당의 질량을 의미합니다.

• 물질의 밀도 : 단위 부피당의 질량
질량 ÷ 부피 → 단위 : g/cm^3

이 외에도 혼잡한 정도를 나타낼 때 밀도를 사용합니다. 예를 들어 인구 밀도가 있습니다.

• 인구 밀도 : 단위 면적당 거주하고 있는 사람의 수
해당 지역의 인구 수 ÷ 해당 지역의 면적 → 단위 : 명 / km^2

어떤 경우이든 구하고 싶은 질량과 사람의 수를 단위량으로 나누어 구할 수 있습니다. 예를 들면 면적이 20m^2인 방에 5명이 있을 경우 1m^2당 인원수를 구할 수 있으므로, 그 방의 인구 밀도는 다음과 같이 계산할 수 있습니다.

5명 ÷ 20m^2 = 0.25명 / m^2

그러면 지하철이 혼잡한 정도에 관해 생각해 봅시다. 앞서 언급한 내용에 따르면 혼잡률 100%는,

[100%] = 손잡이를 모두 잡고 각 출입문에 2명씩 서 있다.

라고 정의되어 있습니다. 이것을 '단위 면적당 몇 명이 있는가'라고 바꿔 보면 인구 밀도로 나타낼 수 있습니다.

이 문제에서 아들이 탑승한 차량은 2호선을 기준으로 하였습니다. 2호선 차량이 차체의 길이가 약 20m, 차체의 폭이 약 3m라고 가정하면 문제에서 언급된 바닥의 면적을 다음 계산식으로 구할 수 있습니다.

20m X 3m = 60m^2

지하철 1량당 정원은 160명(좌석 수 54석)이므로(출처: 서울교통공사), 이 인원수를 정원 승차라고 하고 인구 밀도를 계산해 봅시다.

정답 1m²에 약 2.7명이 있는 상태입니다.

면적 60m²의 차량에 160명이 탑승하고 있으므로, 이 차량의 인구 밀도를 구하기 위해 '단위 면적당 몇 명이 있는지'를 계산해 보면,

160명 ÷ 60m² ≒ 2.6666 …… 명/m² ≒ 2.7명/m²

1m²에 사람이 약 2.7명 있는 상태입니다. 이를 기반으로 차량 전체를 생각해 보면 꽤 여유가 있는 상태라고 할 수 있습니다. 예를 들어, 사람의 어깨너비를 50cm, 몸통의 두께를 30cm라고 하면, 1m²에서 차지하고 있는 비율은 다음의 그림과 같습니다.

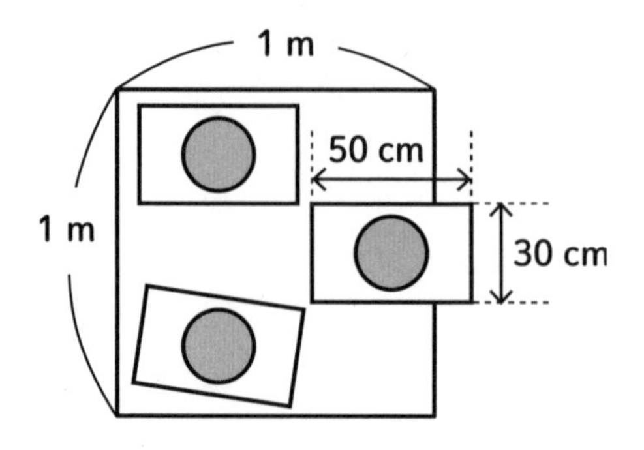

실제로 좌석이나 손잡이, 문 가까이에 있는 기둥은 창문 가까이에 배치되어 있기 때문에, 한가운데 통로를 사람이 지나갈 수 있는 정도라고 생각할 수 있습니다. 또한, 추석이나 설날 '승차율'은 KTX나 새마을호 등에 적용되고 있으며, 좌석 수 대비 승객이 얼마나 탑승하였는지를 나타내는 지표로 활용됩니다.

호놀룰루는 지금 몇 시일까요?

해외여행 중인 상대방에게 전화를 걸어 봅시다.

문제

서울은 지금 12시입니다. 그렇다면 호놀룰루는 몇 시일까요?

할아버지와 할머니께서는 얼마 전에 하와이로 여행을 떠나셨습니다. 아들과 딸은 여행 중인 두 분과 통화하고 싶어서 어머니께 전화를 걸어도 되는지 여쭤 보았습니다. 어머니께서는 "시차가 있지만, 지금은 전화를 걸어도 괜찮겠네." 라고 대답하셨습니다. 지금이 서울 시간으로 5월 23일 12시라고 하면 호놀룰루(하와이)는 몇 월 며칠 몇 시일까요? 서울과 호놀룰루의 시차는 −19시간입니다.

해외에 있는 사람과 전화를 할 때, 시차를 고려하지 않을 수 없습니다. 내가 사는 지역은 낮 시간이지만 상대방이 있는 곳이 한밤중이거나 아주 이른 아침이라면 전화를 걸기가 쉽지 않겠지요.

앞서 '서울과 호놀룰루의 시차는 −19시간'이라고 표현한 것처럼, 시차를 계산하려면 '플러스마이너스 수를 계산'해야 합니다. 먼저 문제를 풀어 본 뒤에 호놀룰루의 현재 시간을 구하고, 그 후 플러스마이너스 수의 계산 원리를 검토하여 시차 계산을 최대한 빠르게 해 봅시다.

플러스마이너스 수의 계산 방법을 정리해 봅시다.

플러스마이너스 수를 더할 경우, 식 중의 부호가 모두 같을 때는 그 부호를 사용하여 더해 줍니다.

예시 1 $3+5=(+3)+(+5)=+(3+5)=+8$

두 경우 모두 + / +를 붙여서 / 더합니다.

예시 2 $-3-5=(-3)+(-5)=-(3+5)=-8$

두 경우 모두 - / -를 붙여서 / 더합니다.

플러스와 마이너스 수를 더할 때, 식 중에 다른 부호가 있을 경우 수(절대치)가 큰 쪽의 부호를 붙여서 뺍니다.

예시 3 $-3+5=(-3)+(+5)=+(5-3)=+2$

부호가 다릅니다. / 수가 더 큰 5의 부호를 붙입니다. / 뺍니다.

예시 4 $3-5=(+3)+(-5)=-(5-3)=-2$

부호가 다릅니다. / 수가 더 큰 5의 부호를 붙입니다. / 뺍니다.

플러스마이너스 수를 뺄셈할 경우, 뺄셈을 덧셈으로 고치고 나서 뒤 숫자의 부호를 반대로 하여 계산합니다.

뺄셈을 → 덧셈으로 바꿉니다.

예시 5 $(+3)-(+5)=(+3)+(-5)=-(5-3)=-2$

…… 예시 4와 같은 계산이 됩니다.

뺄셈을 → 덧셈으로 바꿉니다.

예시 6 $(+3)-(-5)=(+3)+(+5)=+(3+5)=+8$

…… 예시 1과 같은 계산이 됩니다.

호놀룰루는 지금 몇 시인지 계산해 봅시다.

그럼 호놀룰루는 지금 몇 시인지 계산해 봅시다. 한국과 호놀룰루 사이에는 날짜 변경선이 있어 주의해야 합니다. 서울이 지금 5월 23일 12시이고, 호놀룰루와의 시차는 -19시간이므로, 먼저 12시에서 19시간만큼을 뺍니다.

12시 - 19시간 = -(19-12)시 = -7시

-7시란 무슨 의미일까요? 24시(0시)를 기점으로 해서 날짜가 바뀐다는 점을 고려하면서 생각해 보면 -7시는 24시(0시)보다 7시간 전이 되며, 다시 말해 서울보다 하루 전 날짜의 17시가 됩니다.

24시 - 7시간 = 17시

정답 호놀룰루는 5월 22일 17시입니다!

서울이 5월 23일 12시일 때,
-19시간의 시차가 있는 호놀룰루 현지 시간은,

12시-19시간 = -(19-12)시 = -7시
24시-7시간 = 17시

호놀룰루는 5월 22일 17시입니다!

다른 방법으로 생각해 보면 -19시간이란,
-19 = -24+5로 바꿀 수 있으므로,
'지금부터 온전히 하루(24시간) 이전으로 돌린 후,
5시간을 더한다.'고 생각하는 방법도 있습니다.

서울은 지금 5월 23일 12시이므로 하루를 돌리면 5월 22일 12시가 되고, 거기에 5시간을 더하면 5월 22일 17시가 됩니다. 다음으로, 호놀룰루 시간을 기준으로 '서울은 지금 몇 시일까?'를 생각해 봅시다. 호놀룰루가 10월 31일 15시라고 하면, 서울은 몇 시일까요? 호놀룰루를 기준으로 생각해 보면 서울과의 시차는 +19시간이므로,

15시 + 19시간 = 34시

34시는 24시를 초과하였으므로, 날짜는 호놀룰루보다 하루가 더 지났을 것입니다.

34시 - 24시 = 10시

+19란 '+19 = +24−5'이므로 '호놀룰루 시간에 하루를 온전히 더한 후, 거기에서 5시간을 뺀다.'고 생각해 볼 수 있습니다. 마지막으로 서울이 2월 10일 8시일 때, 아래 주요 도시의 현지 시간을 생각해 봅시다.

- **방콕(태국) : −2시간**
  8시 - 2시간 = 6시이므로, 2월 10일 6시
- **뉴델리(인도) : −3시간 30분**
  8시 - 3시간 30분 = 4시 30분이므로, 2월 10일 4시 30분
- **런던(영국) : −9시간 (서머 타임 때 -8시간)**
  8시 - 9시간 = −1시간
  24시 - 1시간 = 23시이므로, 2월 9일 23시

최단 거리로 이동하는 방법을 알아볼까요?

가장 가까운 코스를 알아봅시다.

문제

최단 거리로 개표구까지 가려면 어느 발권기에서 표를 구매해야 할까요?

언니가 지하철을 타고 친구 집에 놀러 가려고 합니다. 교통 카드를 깜빡하고 가져오지 않아서 표를 사야만 합니다. 그런데 장난감과 선물로 짐이 너무 많아서 가능한 한 많이 걷고 싶지 않습니다. 이 그림처럼 발권기가 놓여 있다면, 어느 발권기에서 표를 사는 것이 좋을까요? 그림처럼 발권기 왼쪽 방향 반대편 통로에서 걸어와 발권기에서 표를 산 후 개표구로 들어간다고 합시다.

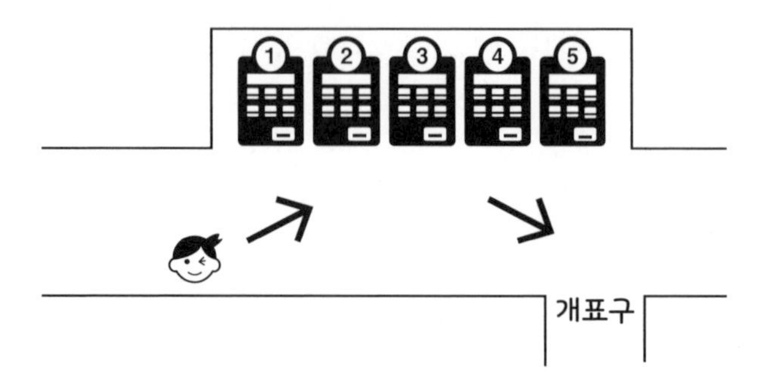

발권기에서 개표구까지 최단 거리로 이동하려고 하면 몇 번 발권기를 이용하는 것이 좋을까요? 이번 문제는 작도 문제로 접근해 봅시다.

최단 거리를 구하는 법

점 A에서 직선 m상의 점 P를 지나 B까지 이동할 때, 최단 거리가 되는 점 P는 다음과 같이 구할 수 있습니다.

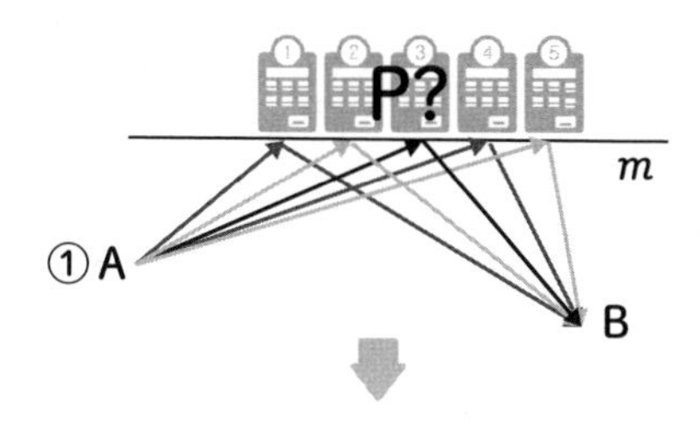

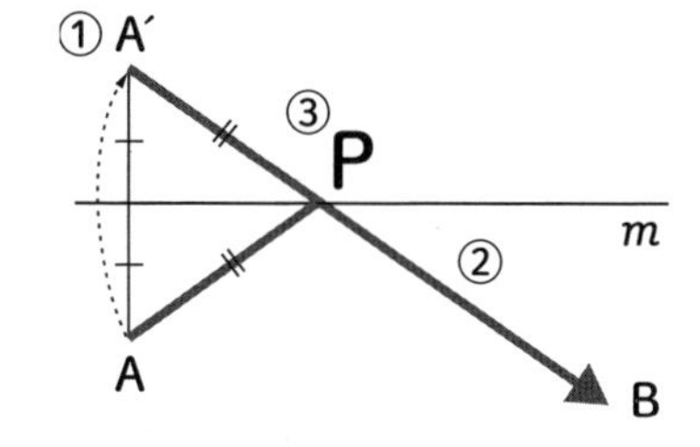

① 직선 m에 관해 점 A와 대칭인 점 A′를 찍는다.

② 점 A′와 점 B를 직선으로 연결한다.

③ 직선 A′B와 직선 m의 교점이 우리가 구하려고 하는 점 p이다.

정답 최단 거리가 되려면 2번 발권기를 이용해야 합니다!

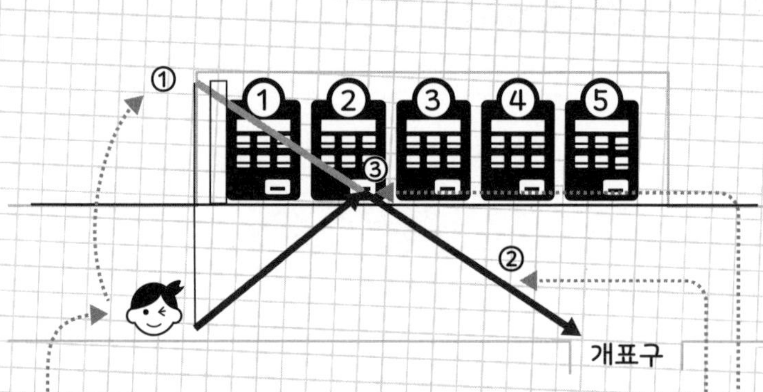

① 머릿속으로 자신을 발권기와 대칭인 곳으로 이동시켜 봅니다.

② 거기서 개표구를 향해 똑바로 선을 긋습니다.

③ ②의 선과 교차하는 곳에 있는 **2번** 발권기가 최단 거리로 이동할 수 있는 발권기입니다.

지진이 나서 건물이 흔들렸습니다! 진앙은 어디일까요?

3개의 지점을 통해 진앙을 찾아봅시다.

문제

3개의 지점을 가지고 진앙을 파악해 봅시다.

언니가 친구 집에서 돌아오는 길에 지하철을 탔는데, 지진이 일어났습니다. 다행히 피해는 없었고, 지하철은 금방 다시 움직였습니다. 집에 돌아와 부모님께 이 이야기를 하자, '지진 도달 시간이 같은 세 군데의 지점을 알고 있다면, 작도를 통해 진앙(진원 바로 위에 해당하는 지표 지점)을 알 수 있단다.'라고 말씀하셨습니다.

그림 A~C 지점의 지진 도달 시간이 동일하다고 하면 진앙을 한 번 구해 보도록 합시다.

지진의 흔들림은 진원(지진이 발생한 땅속 장소)에서 구형으로 전달됩니다. 그리고 진원의 바로 위에 있는 지표 위치가 진앙입니다. 이 진앙은 원에 관한 지식과 그 특징을 이용해 작도로 구할 수 있습니다.

기상청에서는 각 관측소나 관측점의 데이터를 바탕으로 진원과 진도를 발표하지만, 지금은 작도를 사용해서 진앙을 간단히 구해 보도록 합시다.

원의 중심을 구하는 법

원의 중심은 **현**(곡선상의 두 점을 연결하는 선분)의 수직 이등분선의 교점을 가지고 구할 수 있습니다. 그림에서 선분 AB의 수직 이등분선은 점 A, B에서 같은 거리에 있는 점의 집합입니다. 지점 A, B, C의 지진 도달 시간이 같다는 것은 지진의 특성상 지점 A, B, C는 동일한 원주 위에 있다고 할 수 있습니다. 이 3 개의 점을 통과하는 원의 중심을 구하려면 선분 AB, 선분 BC의 수직 이등분선을 그려야 하며, 그 교점이 원의 중심이 됩니다.

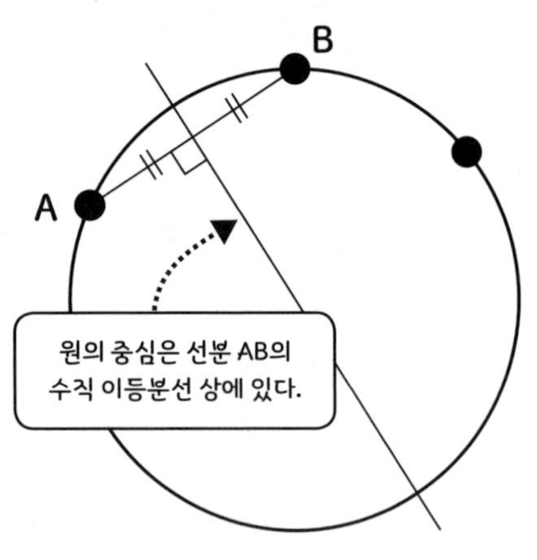

정답 선분 AB, 선분 BC의 수직 이등분선의 교점이 진앙입니다!

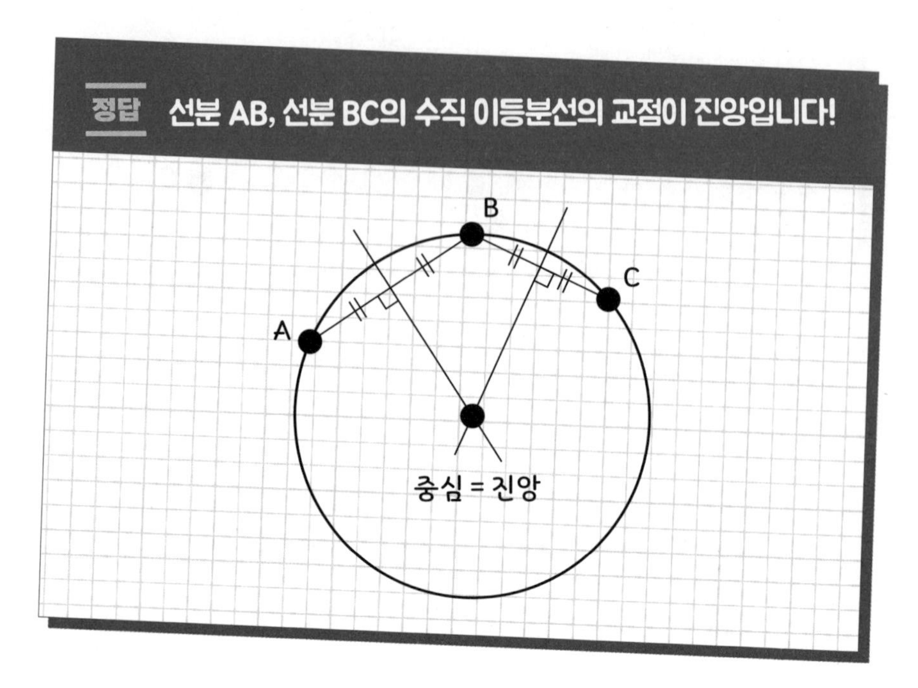

어느 차량이 다음 신호에 통과할 수 있을까요?

급가속에는 이런 의미가 포함되어 있습니다.

문제

다음 신호에 통과할 수 있을까요? 통과할 수 없을까요?

신호를 기다리고 있는데 바로 옆에 아주 멋진 스포츠카가 와서 섰습니다. 아버지 차는 1초에 10km/h로 가속하는 승용차이고, 옆에 서 있는 스포츠카는 1초에 20km/h만큼 가속합니다. 바로 앞에 있는 신호와 그다음 신호가 동시에 파란불로 바뀌는데, 다음 신호까지의 거리는 200m이고, 정지 상태에서 동시에 출발했을 때 파란불이 30초간 지속된다고 하면 이 두 차량 모두 다음 신호에 건널 수 있을까요?

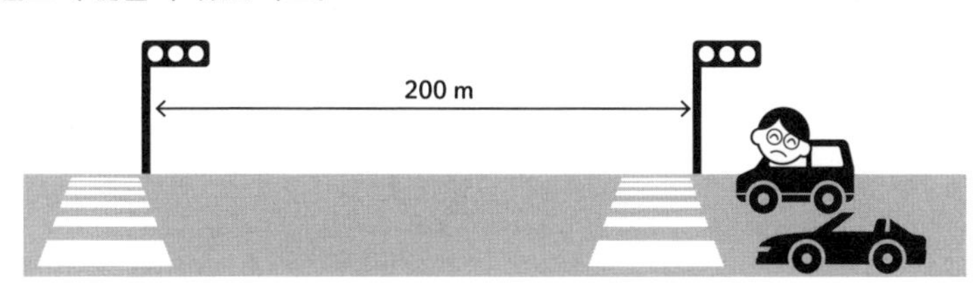

신호를 기다리고 있을 때 파란불로 바뀐 순간 옆 차가 내 차보다 먼저 출발하는 것을 많이 봅니다. 이렇게 즉시 출발하는 것에 어떤 의미가 있을까요? 몇 가지 가정을 세운 후, 정지 상태에서 가속하여 신호가 바뀌기 전에 다음 교차점을 통과할 수 있는지 생각해 봅시다.

이차 함수와 가속도를 이용하여 생각해 봅시다.

이차 함수와 가속도 식

x의 이차식으로 표현되는 함수를 x의 **이차 함수**라고 합니다. 우리가 흔히 볼 수 있는 형태의 식 중에 $y=ax^2+bx+c$(a, b, c는 실수, $a \neq 0$)가 있습니다. 이때 $b=0$, $c=0$ 이라고 하면, $y=ax^2$라는 식이 됩니다.

또한 x를 t로 바꾼 $y=at^2+bt+c$를 t의 이차 함수라고 합니다. 다음 그림은 $y=t^2$의 그래프입니다.

정지 상태에서 가속할 때, a를 가속도(m/s²), t를 시간(초), y를 t초간 나아가는 거리(m)라고 하면 이 3개의 함수는 다음 식으로 표현할 수 있습니다.

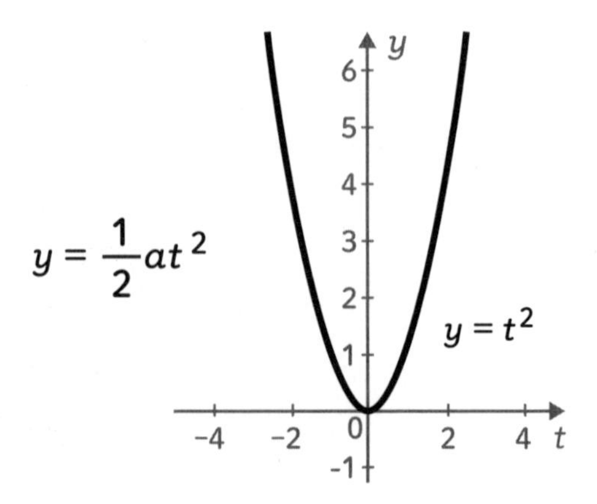

여기에서 a[m/s²]으로 나타낸 **가속도**는 초당 속도 변화량을 나타냅니다. 예를 들어, 1초에 3m/s만큼 빨라지는 경우 가속도는 3m/s²으로 나타냅니다.

승용차와 스포츠카의 가속도를 계산해 봅시다.

그러면 승용차와 스포츠카의 가속도를 비교해 봅시다. 문제에서는 가속도가 '1초에 1km/h 만큼 빨라진다.' '1초에 20만큼 빨라진다.'라고 시속으로 표시(km/h)되어 있습니다. 이것을 초속(미터로 표시 m/s)으로 바꿔 봅시다.

1km = 1,000m, 1시간(1h) = 60분 × 60초 = 3,600초(3,600s)이므로,

$$10\text{ km/h} = \frac{10\text{ km}}{1\text{h}} = \frac{10 \times 1000}{1 \times 60 \times 60} = 2.7777\cdots\cdots \fallingdotseq 3\text{ m/s}$$

1초에 3m/s만큼 빨라지므로 승용차의 가속도는 3m/s^2

$$20\text{ km/h} = \frac{20\text{ km}}{1\text{h}} = \frac{20 \times 1000}{1 \times 60 \times 60} = 5.5555\cdots\cdots \fallingdotseq 6\text{ m/s}$$

1초에 6m/s 만큼 빨라지기 때문에 스포츠카의 가속도는 6m/s^2

그러면 이 가속도로 200m를 주행하는데 몇 초가 걸릴지 계산해 봅시다.

정답 두 차량 모두 다음 신호를 통과할 수 있습니다!

• 승용차의 경우 : $a = 3\text{m/s}^2$

$y = \frac{1}{2}at^2$ 에 대입하면, $200 = \frac{1}{2} \times 3 \times t^2$ 에 의해 $t^2 = \frac{400}{3}$

$t > 0$ 이므로, $t = \frac{\sqrt{400}}{\sqrt{3}} = \frac{20}{\sqrt{3}} ≒ \frac{20}{1.73} ≒ 11.6\text{ s}$

승용차는 다음 신호까지 11.6초가 걸립니다.

• 스포츠카의 경우 : $a = 6\text{m/s}^2$

$y = \frac{1}{2}at^2$ 에 대입하면, $200 = \frac{1}{2} \times 6 \times t^2$ 에 의해 $t^2 = \frac{400}{6}$

$t > 0$ 이므로, $t = \frac{\sqrt{400}}{\sqrt{6}} = \frac{20}{\sqrt{6}} ≒ \frac{20}{2.45} ≒ 8.2\text{ s}$

스포츠카는 다음 신호까지 8.2초가 걸립니다.

따라서 신호가 노란불로 바뀌기 전까지 30초 동안
2대 차량 모두 다음 신호를 통과할 수 있습니다!

승용차와 스포츠카의 가속도는 2배 차이가 있지만 200m 앞에 있는 신호를 통과하는 시간은 다음 계산식으로 살펴보면 $\sqrt{2}$(≒1.41)배만 차이가 납니다.

$$\frac{20}{\sqrt{3}} \div \frac{20}{\sqrt{6}} = \sqrt{2}$$

도중에 정속이 되는 경우

사실 승용차는 11초나 연속으로 가속하면 시속 11×10km/h = 110km/h가 되어 속도위반을 하게 됩니다. 그러므로 도중에 가속을 중지하고 정속으로 바꿉니다. 예를 들어 6초 후(6×10km/h = 60km/h≒16.7m/s)에 가속을 중지하고 정속으로 변경했다고 가정해 보면, 200m를 나아가는 데 걸리는 시간 t'[s]는 다음 식으로 구할 수 있습니다.

- 가속하는 6초 동안에 나아간 거리는
  $y = \frac{1}{2} \times 3\text{m/s}^2 \times (6\text{s})^2 = 54\text{m}$
- 신호까지 남은 거리는 200m - 54m = 146m
- 정속으로 주행하는 시간은 146m ÷ 16.7m/s ≒ 8.7s
- 200m를 가는데 걸린 총 시간은 t' = 6s + 8.7s ≒ 14.7s

따라서 승용차가 정지 상태에서 6초간 가속을 하고 그 후 정속으로 주행할 경우, 다음 신호를 통과하기까지 걸리는 시간은 14.7초이므로 파란불이 끝나기 전에 충분히 통과할 수 있습니다. 스포츠카의 경우에는 3초간 가속하면 시속 60km/h가 되므로, 그 후에 정속으로 주행한다고 하면 200m를 가는데 걸리는 시간은 13.4초가 됩니다. 스포츠카 역시 파란불이 끝나기 전에 통과할 수 있습니다.

어느 버스 회사가 시간을 더 정확하게 지킬까요?

더 정확한 쪽을 선택해 봅시다.

문제

정기권을 사려고 하는데, 어느 버스 회사를 선택하면 좋을까요?

언니는 여름 방학 동안 역 근처의 학원과 교습소 여러 군데에 다니려고 합니다. 그래서 역까지 가는 버스의 정기권을 구매하려 하는데, 집에서 가장 가까운 버스 정거장의 시간표가 아래와 같이 기록되어 있습니다. 시간표에는 10:00라고 되어 있고, 5일 동안 A사와 B사의 버스가 정거장에 실제로 도착한 시간도 기록되어 있습니다.

	1일차	2일차	3일차	4일차	5일차
A사	9:40	10:10	9:50	10:00	10:20
B사	9:50	10:10	10:10	9:55	9:55

정기권을 사려고 한다면, 어느 버스 회사를 선택하는 것이 좋을까요?
단, 가장 가까운 버스 정류장에서 역까지의 정기권 가격이나 정류장 순서는 동일하며, 버스가 혼잡한 정도도 차이가 없다고 가정합시다.

버스 A사와 B사가 완전히 같은 조건에서 운행을 하고 있습니다. 정기권을 사용하려면 어느 회사의 버스를 탈 것인지 결정해야 합니다. 어느 버스 회사를 선택하는 것이 좋을까요?

이 문제에서는 시간을 더 정확하게 지키는 버스 회사를 선택하려고 합니다. 그러면 버스 도착 시간의 편차를 분산이라는 수치로 바꾸어 계산해 봅시다.

버스의 도착 시간과 관련해서는 도착 시간의 편차가 적고, 항상 같은 시간에 버스가 도착하며 시간표를 정확하게 지키는 회사를 더 신뢰할 수 있을 것입니다. 이를 수학적으로 생각하면 가장 가까운 버스 정류장에 도착하는 즉, 시간의 분산이 작은 버스 회사의 정기권을 사면 된다는 결론을 내릴 수 있습니다.

편차와 분산

분산이란 분포의 편차 정도를 숫자로 나타낸 것입니다. 분산이 크면 클수록 편차가 크다고 할 수 있습니다.

분산을 Σ(시그마)라는 기호로 x_i, $\bar{x}$, n을 사용해서 나타내면 다음의 식이 됩니다.

$$\text{분산} = \frac{\sum_{i=1}^{n}(x_i - \bar{x})^2}{n} = \frac{(x_1 - \bar{x})^2 + (x_2 - \bar{x})^2 + \cdots\cdots + (x_n - \bar{x})^2}{n}$$

Σ는 Σ의 옆에 있는 식을 $i=1$부터 $i=n$까지 하나씩 증가시키면서 식의 결과를 모두 합산한다는 것을 알려 주는 기호입니다. x_i는 i번째의 값, x는 x의 평균, n은 x값의 개수를 나타냅니다. $\bar{x}$는 x의 평균을 나타내므로,

$$\bar{x} = \frac{x_1 + x_2 + \cdots\cdots + x_n}{n}$$

라고 쓸 수 있습니다. 이 식을 살펴보면 평균과의 차이가 큰 값일수록 분산이 커진다는 것을 알 수 있습니다.

어느 버스회사가 시간을 잘 준수하는지 분산을 통해 알아봅시다

그러면 A사와 B사의 평균 도착 시간을 구해 봅시다. 10:00를 기준으로 시간을 얼마나 정확하게 지키는지에 유의하면서 표를 수정해 보겠습니다.

	1일차	2일차	3일차	4일차	5일차
A사	− 20	+ 10	− 10	0	+ 20
B사	− 10	+ 10	+ 10	− 5	− 5

• **A사의 평균 :** $\frac{(-20) + (+10) + (-10) + 0 + (+20)}{5} = 0$

• **B사의 평균 :** $\frac{(-10) + (+10) + (+10) + (-5) + (-5)}{5} = 0$

가 되므로, 10:00를 기준으로 해서 몇 분 전후로 버스가 도착하는지 평균을 내면, A사와 B사 모두 0분이라는 것을 알 수 있습니다. 다시 말해, 평균 도착 시간은 두 회사 모두 10시라는 것입니다.

여기서부터는 도착 시간의 편차 즉, 분산을 구해 보도록 합시다.

정답 정기권을 구매한다면 B사를 선택하는 것이 좋습니다!

• A사의 분산 :

$$\frac{(-20-0)^2+(+10-0)^2+(-10-0)^2+(+0-0)^2+(+20-0)^2}{5}$$

$= 200$

• B사의 분산 :

$$\frac{(-10-0)^2+(+10-0)^2+(+10-0)^2+(-5-0)^2+(-5-0)^2}{5}$$

$= 70$

→ B사의 분산이 더 작습니다.

→ 정기권을 구매하는 경우, 도착 시간의 편차가 작은 B사를 선택하는 것이 더 낫습니다!

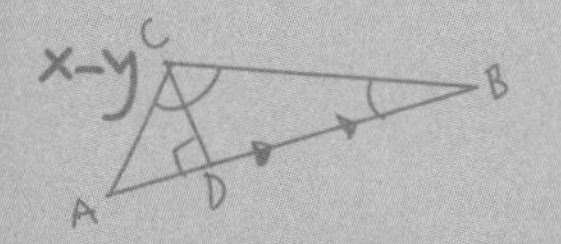

또한, 10:00시를 기준으로 5일간의 도착 시간을 그래프에 표시해 보면, 편차 정도를 시각적으로 확인할 수 있습니다.

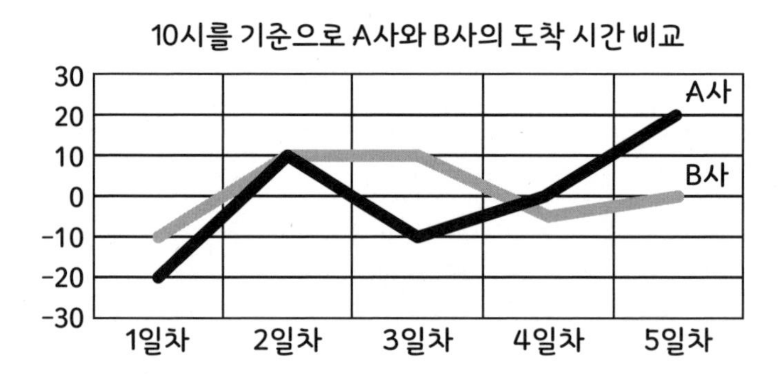

B사가 A사보다 그래프의 위아래 높낮이가 작다는 것을 확인할 수 있습니다. 이것을 보고 '편차가 작다.' 혹은 '분산이 작다.'고 표현합니다. 계산을 간단하게 하기 위해 5일간의 데이터를 가지고 확인해 보았는데, 10일간 혹은 1개월 등의 데이터로 계산해 보면 어느 분산이 작은지, 시간을 정확하게 지키는 버스 회사가 어디인지를 더 확실하게 파악할 수 있습니다.

지하철 환승을 할 때 걸을까요? 아님 뛸까요?

지하철 문이 닫히려 할 때 급하게 타는 것은 위험합니다!

문제

환승역에서 뛰는 것이 의미가 있을까요?

아버지께서는 지하철로 출퇴근하십니다. 가장 가까운 역에서 지하철을 타고 큰 역에서 다른 노선으로 환승합니다. 환승역에 도착하는 것은 매일 아침 8시입니다. 환승역에서 내린 후, 환승하는 곳까지 이동하는데 걸으면 2분, 뛰면 1분 걸립니다. 가장 가까운 역에서 환승역까지 가는 노선의 지하철은 항상 정시에 도착하지만, 환승 노선은 차량 대수가 많아 혼잡해서인지 도착 시간이 일정하지 않습니다.

환승 노선 플랫폼에서는 3분마다 지하철이 출발하며, 출발 시각은 혼잡한 상태에 따라 바뀌기 때문에 정확하게 알 수 없다고 가정해 봅시다. 만약 환승역에서 뛰어간다면 바로 앞 지하철에 탈 수 있을까요?

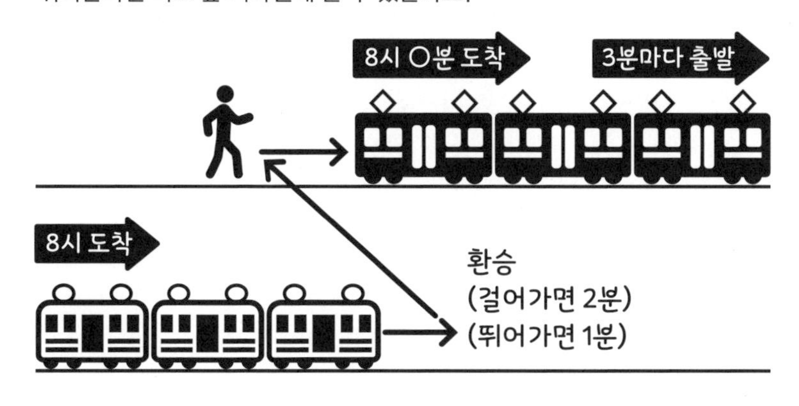

지하철로 이동할 때 서두르는 상황이라면 환승역에서 뛰어가고 싶을 것입니다. 지하철 문이 닫히려고 할 때 급하게 타는 건 위험하기 때문에 안되겠지만, 환승역 안에서 뛰어간다고 해서 예상보다 빨리 앞선 지하철에 탈 수 있을까요?

이 문제를 풀기 위해 몇 가지 가정을 한 뒤, 조 나누기를 해서 결론을 지어 봅시다. 수식은 특별히 없지만 조 나누기를 어떻게 하는지 배워 봅시다.

조 나누기란

어떤 일에 대해서 몇 가지 경우를 예상할 수 있을 때, 우선 어떤 '경우'가 있는지를 예상하고 각각의 경우가 다른 경우와 관계가 없는지를 검토해 나갑니다. 이것을 수학에서는 **조 나누기**라고 합니다.

예를 들어 어떤 일에 대해서 ①, ②, ③의 경우가 있다고 합시다.

①을 고려할 때는 ②, ③을 고려하지 않습니다.

②를 고려할 때는 ①, ③은 고려하지 않고,

③을 고려할 때는 ①, ②를 고려하지 않습니다.

이처럼 정해진 경우만을 생각하는 것이 조 나누기의 특징입니다.

환승할 지하철의 도착 시간을 조 나누기로 생각해 봅시다.

그러면 아래 문제에 관해 함께 생각해 봅시다. 먼저, 문제의 지문에서 정해 놓은 내용을 글로 정리해 보겠습니다.

① (아버지께서) 환승역에 내리는 시간 : 8시 00분 00초
② 갈아타기 위해 환승 플랫폼까지 이동하는데 걸리는 시간
걸어가면 2분 걸린다.
뛰어가면 1분 걸린다.
③ 바로 앞 지하철과 다음 지하철이 출발하기까지 걸리는 시간 간격: 3분

①과 ②를 통해 아버지가 환승역에 내려서 환승 플랫폼까지 도착하는데 걸리는 시간을 알 수 있습니다. 아버지가 환승 플랫폼에 도착하는 시간은 다음과 같습니다.

- **걸어가는 경우 : 8시 02분**
- **뛰어가는 경우 : 8시 01분**

이제 이 문제에서 '환승 열차가 몇 시 몇 분에 출발하는지'의 조 나누기를 검토해야 합니다. '지하철 발차 간격 3분'을 사용해서 바로 앞 지하철과 환승할 지하철의 출발 시각을 1분씩 어긋나게 한 경우를 생각해 보도록 합시다. 그리고 각각의 시간에 관해서 지하철에 탈 수 있는지와 탈 수 없는지 조 나누기를 해 봅시다.

정답 뛰어가서 바로 앞 지하철에 탈 수 있는 확률은 낮습니다!

환승 지하철의 출발 시각을 1분 단위로 나누어 4가지 경우를 생각해 볼 수 있습니다.

○ : 환승 지하철 차량에 탈 수 있다.

× : 환승 지하철 차량에 탈 수 없다.

⇒ 환승 지하철 출발 시각을 1분 단위로 나눠 생각해 보면, 걸어갈 때와 뛰어갈 때 지하철에 탈 수 있는지의 결과가 차이가 나는 것은 단 한 경우뿐입니다!

	바로 앞 지하철의 출발 시각	환승 지하철의 출발 시각	걸어가는 경우 8시 02분	뛰어가는 경우 8시 01분
①	7시 57분	8시 00분	×	×
②	7시 58분	8시 01분	×	○
③	7시 59분	8시 02분	○	○
④	8시 00분	8시 03분	○	○

이 문제에서 환승하기 위해 플랫폼까지 이동할 때 걸어가는 것과 뛰어가는 것이 1분밖에 차이가 나지 않기 때문에, 뛰어가서 예정보다 앞 지하철 차량에 탈 수 있는 경우는 희박하다는 것을 알 수 있습니다. 결국 지하철이 계속해서 들어오는 경우에는 환승을 하려고 뛰어간다 하더라도 예정보다 앞 지하철 차량에 탈 수 있는 가능성이 낮다는 것을 알 수 있습니다.

그러면 어떤 경우에 뛰어가는 것이 더 나을까요?

그러면 뛰어가는 것이 더 나은 경우는 있을까요?

지금까지의 내용을 통해 유추해 보자면 지하철 차량 배차 간격이 짧고 환승에 걸리는 시간이 긴 경우에는 걸어가는 것과 뛰어가는 것이 차이가 날 수 있습니다. 환승 지하철이 도착하는 시각을 알고 있고 환승에 걸리는 시간을 정확히 알고 있다면 뛰어가서 제시간에 탈 수 있을 가능성이 높아지겠지요.

그렇지만 혼잡한 출퇴근 시간뿐만 아니라 언제든지 계단이나 플랫폼에서 뛰어가는 것은 아주 위험한 일입니다. 그러므로 역에서는 뛰어서 이동하지 않도록 주의해야겠습니다.

조건부 확률

분실물은 어디에 있을까요?

짐작 가는 곳을 찾아 봅시다.

문제

선글라스를 도대체 어디에서 잃어버렸을까요?

휴일에 가족이 다 같이 놀러 나갔습니다. 영화관에서 영화를 본 후 식당에서 점심을 먹고, 놀이공원에서 재밌게 놀았습니다. 그런데 집으로 오는 길에 아버지께서 선글라스를 어딘가에 두고 오셨다는 것을 알게 되었습니다.
지금까지의 경험을 통해 유추해 보면 선글라스를 영화관에서 잃어버렸을 가능성(확률)이 30%, 식당에서 잃어버렸을 가능성(확률)이 20%, 놀이공원에서 잃어버렸을 가능성(확률)이 40%입니다. 과연 영화관과 식당, 놀이공원 중 어디에서 잃어버렸을 가능성이 가장 높을까요?

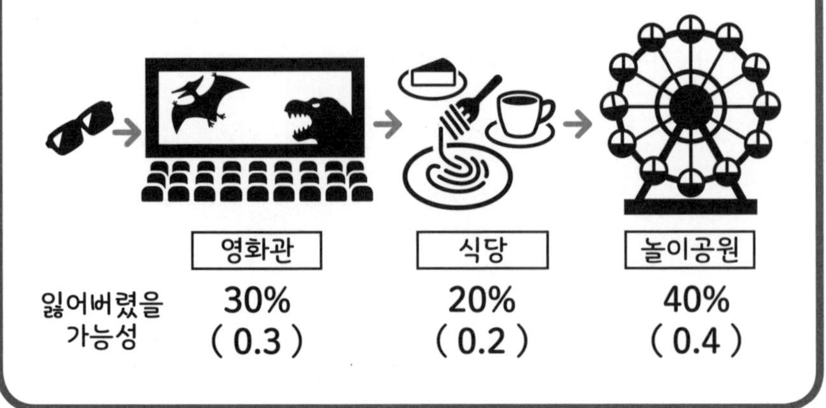

외출 시에 물건을 잃어버렸다는 것을 알게 되면 어디서부터 찾기 시작해야 할까요? 방문했던 곳이 한 곳이라면 찾기 쉬울 수 있겠지만 여러 군데일 경우에는 어디서부터 찾아야 할지 몰라서 한참 동안 헤맸을 것입니다. 이 문제에서는 조건부 확률을 이용하여 물건을 분실했을 가능성이 높은 곳을 추측해 보겠습니다.

조건부 확률이란

$P_B(A)$는 **조건부 확률**이라고 불리며, B가 발생했을 때 A가 발생할 확률을 나타냅니다. 예를 들어 주사위를 한 번 던졌을 때 '3'이 나올 확률은 1/6이지만, '홀수 눈이 나왔을 때 그 눈이 3일 확률'은 1/3이 됩니다. '홀수 눈이 나온다.'(3가지)는 조건에 대해서 '3의 눈이 나온다.'(1가지)라는 확률이기 때문입니다.

• 조건부 확률 •

$$P_B(A) = \frac{P(A \cap B)}{P(B)}$$

$P_B(A)$: B가 발생했을 때 A가 발생할 확률 (조건부 확률)
$P(B)$: B가 발생할 확률
$P(A \cap B)$: A와 B가 동시에 발생할 확률

선글라스를 영화관에서 분실한 상황을 A_1, 식당에서 분실한 상황을 A_2, 놀이공원에서 분실한 상황을 A_3, 영화관·식당·놀이공원 중 어딘가에서 선글라스를 분실한 상황을 B라고 하면 각각의 장소에서 분실했을 확률은 다음과 같이 구할 수 있습니다.

① 영화관에서 분실했을 확률

$$P(B \cap A_1) = 0.3$$

② 식당에서 분실했을 확률(영화관에서 분실하지 않았을 확률(1−0.3 = 0.7)을 곱하는 것을 잊지 않도록 주의해야 합니다.)

$$P(B \cap A_2) = 0.7 \times 0.2 = 0.14$$

③ 놀이공원에서 분실했을 확률(영화관에서 분실하지 않았고, 식당에서도 분실하지 않았을 확률 (1−0.2 = 0.8)을 곱하는 것을 잊지 않아야 합니다.)

$$P(B \cap A_3) = 0.7 \times 0.8 \times 0.4 = 0.224$$

B는 영화관·레스토랑·놀이공원 중 어느 한 곳에서 선글라스를 분실한 상황이므로, '선글라스를 분실했을 확률'은 P(B)로 표현할 수 있습니다. P(B)는 영화관에서 분실했을 확률과 식당에서 분실했을 확률 그리고 놀이공원에서 분실했을 확률을 더한 것이 됩니다.

$$P(B) = P(B \cap A_1) + P(B \cap A_2) + P(B \cap A_3)$$
$$= 0.3 + 0.14 + 0.224 = 0.664$$

조건부 확률 식에 대입하여 영화관, 식당, 놀이공원 중 어느 곳에서 잃어버렸을 확률이 높은지 계산해 봅시다. 여기에서 조건이란 '선글라스를 잃어버린 것을 깨달았을 때'를 의미합니다.

결국, 아버지께서는 선글라스를 영화관에서 분실했을 가능성(확률)이 가장 높다는 것을 알게 되셨습니다.

정답 선글라스를 영화관에서 분실했을 가능성이 가장 높습니다!

• 영화관에서 분실했을 확률은

$$P_B(A_1) = \frac{P(B \cap A_1)}{P(B)} = \frac{0.3}{0.664} \fallingdotseq \mathbf{0.45\,(45\%)}$$

• 식당에서 분실했을 확률은

$$P_B(A_2) = \frac{P(B \cap A_2)}{P(B)} = \frac{0.14}{0.664} \fallingdotseq \mathbf{0.21\,(21\%)}$$

• 놀이공원에서 분실했을 확률은

$$P_B(A_3) = \frac{P(B \cap A_3)}{P(B)} = \frac{0.224}{0.664} \fallingdotseq \mathbf{0.34\,(34\%)}$$

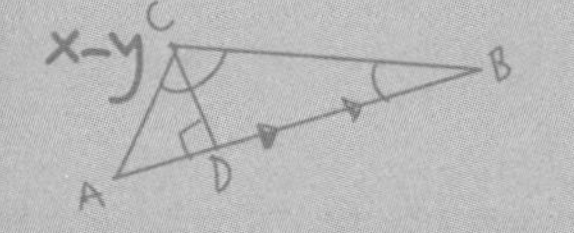

조건부 확률에서 원인의 확률로

이제 문제의 내용을 다시 한 번 되짚어 봅시다. 선글라스를 분실했을 가능성은 영화관이 30%, 식당이 20%, 놀이공원이 40%이므로 이대로라면 놀이공원에서 분실했을 가능성이 가장 높습니다. 한편 조건부 확률에 따라 분실한 것을 깨달은 확률을 바탕으로 하여 생각해보면 영화관에서 분실했을 가능성이 가장 높아집니다. 식당이나 놀이공원의 경우, 영화관에서 분실하지 않았다는 것을 전제 조건으로 하기 때문에 실제 확률보다 영향이 작아지기 때문입니다.

이번 문제는 '분실한 것을 알아차리는 것'이라는 '결과'를 이용하여 '어디에서 분실했을 가능성이 높은지'의 확률을 구하는 것이었습니다. 이것을 **원인의 확률**이라고 합니다.

결론을 말하면 이번에는 영화관에서 잃어버렸을 가능성(확률)이 높기 때문에 영화관부터 찾는 것이 좋겠습니다.

점자로 표시된 숫자는 어떻게 읽을 수 있을까요?

튀어나온 곳과 평면으로 표시되는 기호

문제

자동 발권기에서 점자로 표시된 숫자를 읽어 봅시다.

아들은 학교 수업 시간에 시각 장애인을 위한 '점자'에 관해 배웠습니다. 우리 주변의 물건을 잘 살펴보면 엘리베이터의 숫자 표시 버튼이나 길거리의 안내 표지판에도 점자가 사용되었다는 것을 알 수 있습니다. 그리고 역에 설치된 자동 발권기 옆에서 점자로 적힌 운임표를 볼 수 있습니다. 아래의 점자는 얼마를 나타내고 있는 것일까요?

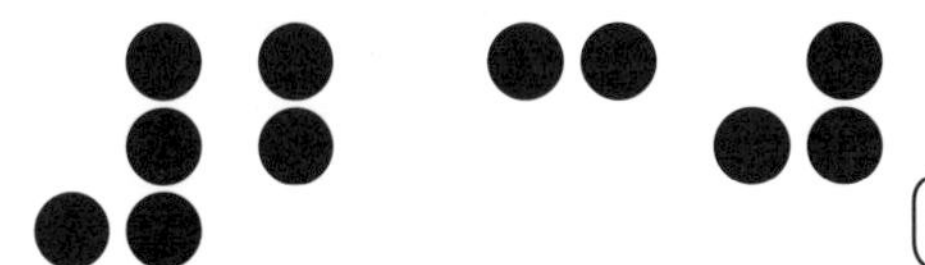

힌트 → 세 자리 수

점자란 그 이름에서 알 수 있듯이 '점(凸)'을 특정한 법칙에 따라 나열한 것입니다. 세로로 3개, 가로 2열로 배열되어 있는 6개의 점이 '있는 곳(凸)'과 '없는 곳(평면)'을 통해 숫자, 알파벳, 문자를 나타낼 수 있습니다. 실제로 점자를 손가락으로 만져 본 사람도 많이 있으리라 생각합니다. 이러한 점이 '있는 곳'과 '없는 곳'은 이진법으로 생각해 볼 수 있습니다. 여기서는 이진법의 특징에 관해 배우면서 문제를 풀어 나가도록 합시다.

십진법과 이진법에 관해 생각해 봅시다.

이진법은 0과 1이라는 두 숫자로 나타낼 수 있습니다. 우리가 흔히 사용하는 0, 1, 2, 3, 4, 5, 6, 7, 8, 9의 10개 숫자로 나타내는 것을 **십진법**이라고 합니다. 십진법과 이진법을 비교해 봅시다. 이진법은 0과 1로 나타내는 방법 외에도 ●과 ○로 나타내는 방법이 있습니다.

십진법	이진법 (0과 1)	이진법 (●과 ○)
0	0	○
1	1	●
2	10	●○
3	11	●●
4	100	●○○
5	101	●○●
6	110	●●○
7	111	●●●
8	1000	●○○○
9	1001	●○○●
10	1010	●○●○

이진법에서는 첫 번째 자리(우측 끝단)이 0 → 1 → 0 → 1 → 0 → …… (○→ ● → ○ → ● → ○ → ……)처럼 0과 1(○와 ●)이 교차하며 나오는 것이 핵심입니다.

십진법에서는 9 다음에 10이 오는데, 이진법에서는 0과 1밖에 없기 때문에 1 다음에 바로 올라와서 10이 됩니다(=십진법의 2). 따라서 십진법에서 1+1=2이지만, 이진법에서는 1+1=10입니다.

이진법에서 1을 ●, 0을 ○으로 표시한 것이 위의 표 우측에 표기되어 있습니다. 이 표기 방법으로 이진법의 (1+1=10)을 고쳐 쓰면 ●+●=●○ 이 됩니다.

이 ●과 ○을 활용한 것이 점자입니다. 실제 점자에서는 ●은 凸로, ○은 평면으로 표시됩니다.

점자로 숫자를 표시하는 방법

점자는 6개의 점을 하나의 묶음으로 보고, 그 점이 '있는지' '없는지'로 특정한 숫자나 알파벳, 문자를 표시할 수 있습니다. ●은 凸부분을 의미하며 ○은 튀어나온 부분이 없음(평면)을 의미합니다. 이것은 6의 점을 사용해서 표시하는 것이므로 앞 페이지의 표와는 모양이 다릅니다.

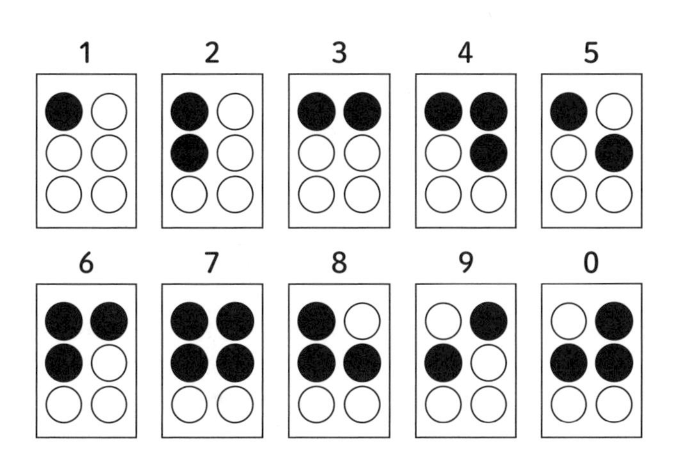

여기서는 숫자만을 예로 들어 소개하지만 실제로는 알파벳이나 글자도 표시할 수 있습니다.

그리고 점자에서는 다음과 같은 조합은 동일한 것으로 생각하기 때문에 주의해야 합니다. '일정한 범위 내에 점 하나가 있다.'는 상황이기 때문에 같다고 간주합니다.

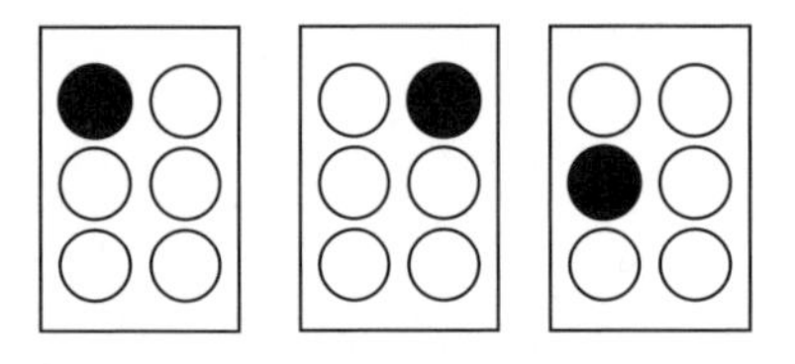

점자에는 특별한 의미를 가지는 것이 있습니다. 오른쪽 그림처럼 L자가 반대로 된 모양은 '수표'라고 합니다. 수표란 '여기서부터 숫자가 시작된다.'는 것을 알려 주는 표시입니다. 점자에서는 6개의 점만 사용하기 때문에 점의 배열이 똑같은 글자와 숫자가 존재합니다. 따라서 수표를 사용해서 '여기서부터는 숫자'라고 다시 한 번 알려 줄 필요가 있습니다.

수표

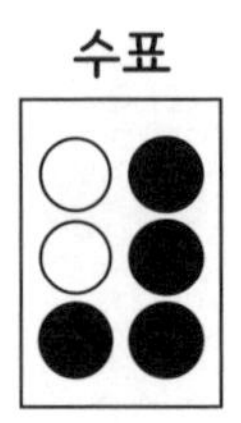

정답 점자 숫자로 230입니다!

아래 지문에서 4개의 점자를 □로 둘러싼 후, 평면인 점을 ○로 나타내면 다음과 같은 모양이 되므로 점자 기호와 조합해 봅시다.

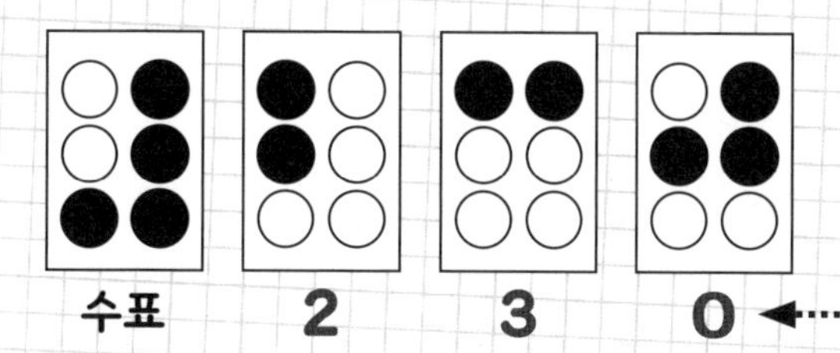

도로의 기울기를 각도로 나타내면 어떻게 될까요?

경사를 나타내는 법을 생각해 봅시다.

문제

기울기 5%를 각도로 나타내면 얼마가 될까요?

가족이 다 같이 드라이브를 하던 중에 아들과 딸이 도로에 다음과 같은 표식이 있는 것을 발견했습니다. 아버지께 "저건 뭐에요?"라고 여쭈어 보자 "오르막길 경사가 시작되므로 주의하시오!라는 표식이야."라고 알려 주셨습니다. 그런데 '5%' 나 '10%'의 의미가 잘 이해되지 않았습니다. 경사가 가파른 것을 나타내고 있는 것 같은데, 각도로 나타내면 어느 정도가 되는 것일까요? 기울기 5%에 관해 알아보도록 합시다.

자동차 등 운전면허를 가지고 있는 사람이라면 대부분 위의 표지판을 보았을 때 '급경사 오르막 있음'을 의미하는 경고 표지판임을 바로 알아차릴 것입니다. 그러면 여기서 5%, 10%란 무슨 의미일까요? 숫자가 클수록 기울기가 커지는 것은 이해할 수 있겠지만, %의 의미를 시각적으로 아들과 딸에게 설명해 주기는 쉽지 않을 것 같습니다. 그러므로 여기서는 삼각비를 사용해서 실제 기울기 각도를 구해 보겠습니다.

삼각비의 정접과 각도

도로의 기울기는 '수평 거리 100m에 대해 수직으로 몇 m 올라가는지'를 나타낸 것입니다. '기울기 5%'라면 처음의 높이를 0m라고 하고, 100m 나아갔을 때 그 5%, 즉 100m × 0.005 = 5m 올라간다는 의미입니다. 그림으로 나타내면 다음과 같습니다.

• 기울기가 5%인 경우

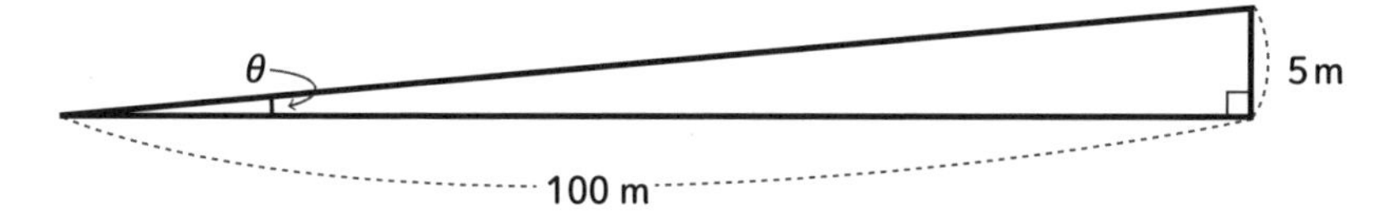

여기서 삼각비를 이용해 생각해 보면 θ의 대략적인 각도를 구할 수 있습니다. 직각 삼각형의 높이를 밑변의 길이로 나눈 값을 **tan**(탄젠트) 또는 **정접**(正接)이라고 합니다. 삼각비와 관련해서는 제1장 '09 엎드려서 상체를 들어 올리면. 누구의 상체가 더 높이 올라갈까요?'의 내용을 참조하기 바랍니다.

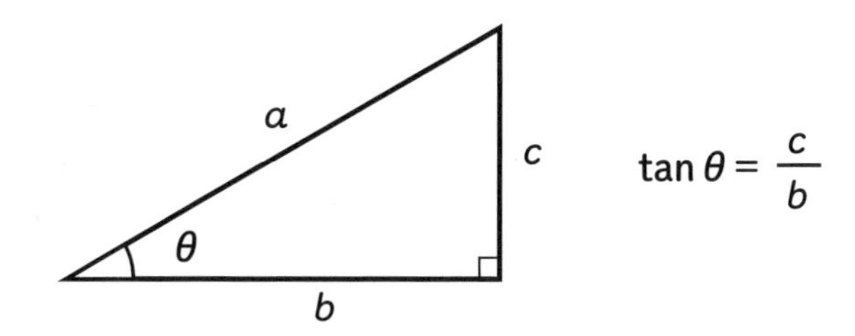

$$\tan\theta = \frac{c}{b}$$

다음 표는 삼각비의 $\tan\theta$ 값을 발췌해서 정리한 것(소수점 네 번째 자리까지 표시)인데, 이 표를 가지고 tan의 값을 파악하면 θ의 대략적인 각도를 알 수 있습니다.

정답 기울기 5%는 약 3° 입니다!

기울기가 5%인 경우의 tan θ의 값을 구하면

$$\tan\theta = \frac{5}{100} = \mathbf{0.05}$$

아래 표를 참고하면 tan θ의 값이 0.05에 가장 가까운 각도는 3°입니다.

• 삼각비의 표(tan에 관해 발췌한 것)

θ	tan θ	θ	tan θ
0°	0.0000	14°	0.2493
1°	0.0175	15°	0.2679
2°	0.0349	16°	0.2867
3°	0.0524	17°	0.3057
4°	0.0699	18°	0.3249
5°	0.0875	19°	0.3443
6°	0.1051	20°	0.3640
7°	0.1228	21°	0.3839
8°	0.1405	22°	0.4040
9°	0.1584	23°	0.4245
10°	0.1763	24°	0.4452
11°	0.1944	25°	0.4663
12°	0.2126	26°	0.4877
13°	0.2309	27°	0.5095

각도기를 보면서 '겨우 3°라니! 경사가 거의 느껴지지 않겠는 걸?'하고 생각한 분도 계실 수 있을 것 같습니다. 그러나 주의 표지판이 붙어 있다는 건 그 길을 실제로 걸어서 지나가거나 차를 운행해서 지나갈 때 경사가 있는 비탈길이라는 것이 느껴질 정도라는 것이겠지요.

기울기가 10%인 경우

기울기가 10%일 때의 각도도 계산해 봅시다. 기울기 10%를 그림으로 나타내면 아래와 같습니다.

• 기울기가 10%일 때

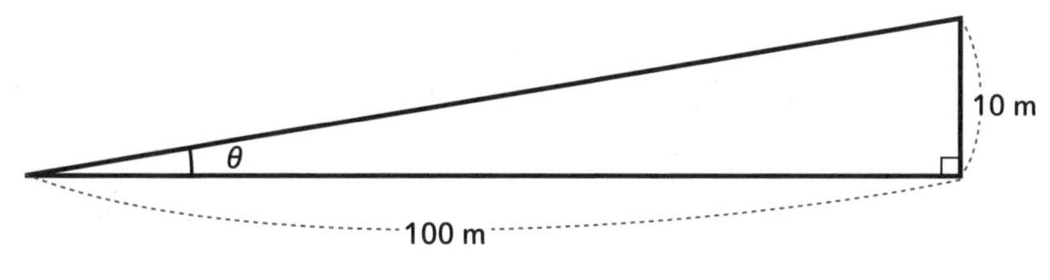

그림에서 $\tan\theta = \frac{10}{100} = 0.1$

앞에서 언급한 삼각비 표에 따르면 $\tan\theta$의 값이 0.1에 가장 가까운 각도는 6°이므로 정접 10%일 때의 기울기는 약 6°라는 것을 알 수 있습니다.

커브 길 주의 표지판에서 커브가 휘어진 정도는 어떻게 알 수 있을까요?

표지판에 적힌 숫자가 작으면 커브가 가파를까요? 완만할까요?

문제

어느 쪽 커브가 더 가파를까요?

가족 모두가 함께 드라이브를 하던 중, 아들과 딸은 도로에 그림과 같은 표시가 있는 것을 발견했습니다. 아버지께 "저건 뭐에요?"라고 여쭤보니 "커브 길에 주의하라는 뜻의 표지판이란다."라고 알려 주셨습니다. 'R=250m', 'R=500m'라는 문구를 통해 커브가 어느 정도 가파른지를 알 수 있는 것 같습니다. 그러면 어느 표지판의 커브가 더욱 가파른 것일까요?

자동차 운전면허를 가지고 있는 사람이라면 대부분 이 표지판이 '우측 방향 커브 길이 있음.'이라는 경고 표지판이며, 'R = 250m', 'R = 500m'라는 표시가 커브가 얼마나 가파른지를 표시한다는 것을 이미 알고 있을 것입니다.

지금부터 원의 방정식에 관해 알아보고, 반지름에 따라 커브의 가파른 정도가 어떻게 달라지는지 함께 생각해 봅시다.

원의 방정식과 커브의 관계

원의 방정식은 원의 중심과 반지름의 길이를 한 눈에 알기 쉽게 표현하는 방식입니다. 마치 직선의 방정식은 $y = ax+b$라고 표현하여 기울기와 y절편을 중심으로 표현한 것과 동일합니다.

중심(a, b), 반지름 r인 원의 방정식은 다음 그림과 같이 나타낼 수 있습니다.

'R = 500m'에서 R은 Radius(반지름)의 첫 글자를 딴 것이며, 'R=500m'란 '반지름 500m'를 의미합니다.

'반지름 500m'란 '앞에 있는 커브 길이의 반지름이 500m인 원의 원주 일부이며, 거기서 500m 안쪽에 원의 중심이 있다.'는 것을 의미합니다. 얼굴을 완전히 옆으로 돌려서 500m 앞에 원의 중심이 있다고 떠올려 보시기 바랍니다.

그러면 'R=250m' 즉 '반지름 250m'와 'R=500m' 즉 '반지름 500m'인 커브 중에서 어느 커브 길이 더 가파를까요?

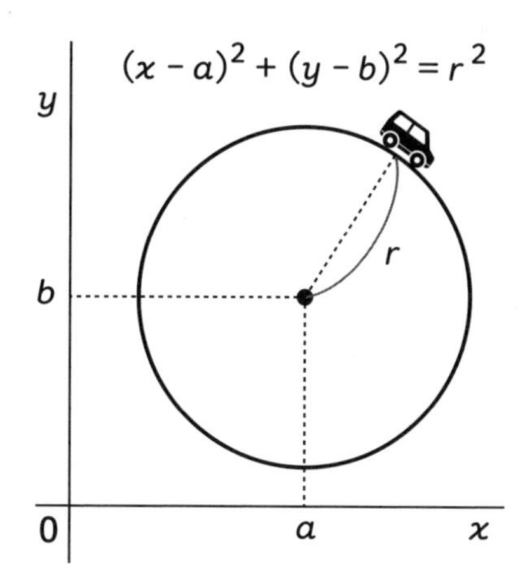

정답 값이 작은 'R=250m'의 커브가 더욱 가파릅니다!

'R = 250m'와 'R = 500m'의 원(원점에서 x축에 접하는 원)을 좌표 상에 그린 후, 원점 부근을 확대해 보면 반지름이 작은 'R=250m'의 커브가 더 가파르다는 것을 확인할 수 있습니다.

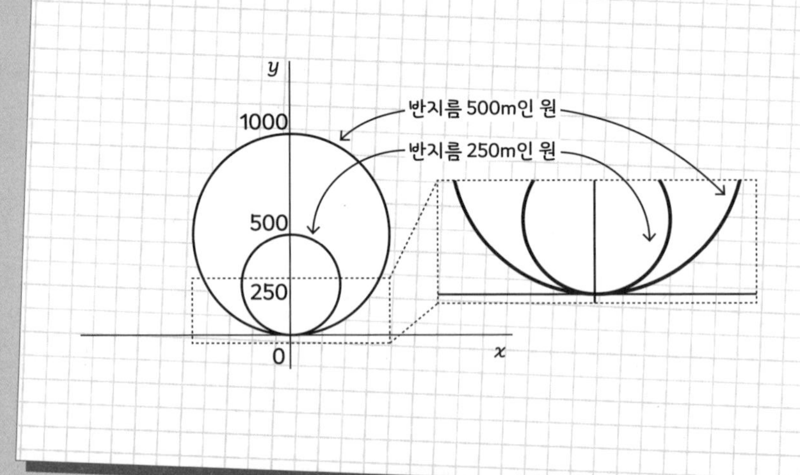

실제로 운전을 해 보면 'R=250m'는 커브가 꽤 가파르다는 것을 느낄 수 있을 것입니다. 고속 도로에서는 'R=400m' 정도만 되어도 급커브라는 느낌이 들 수 있습니다.

고개를 넘어갈 때는 'R = 100~30m' 정도인 경우도 있으며, 'R=30m'는 소위 말하는 머리핀 곡선(hair-pin curve)이 됩니다.

탑승 중인 기차의 속도를 계산할 수 있을까요?

기차가 플랫폼을 통과해서 나갈 때 속도는 시속 몇 km일까요?

문제

플랫폼을 통과할 때 기차의 속도는 얼마일까요?

아들은 역에서 기차 맨 뒤 차량의 가장 뒷자리에 앉았습니다. 이 기차가 출발한 후 플랫폼을 통과하기까지의 시간을 한 번 재어 보니 20초가 걸렸습니다. 이 기차가 플랫폼을 통과했을 때 기차의 시속은 몇 km이었을까요? 아들이 탄 위치에서 플랫폼이 끝날 때까지의 거리는 220m였습니다.

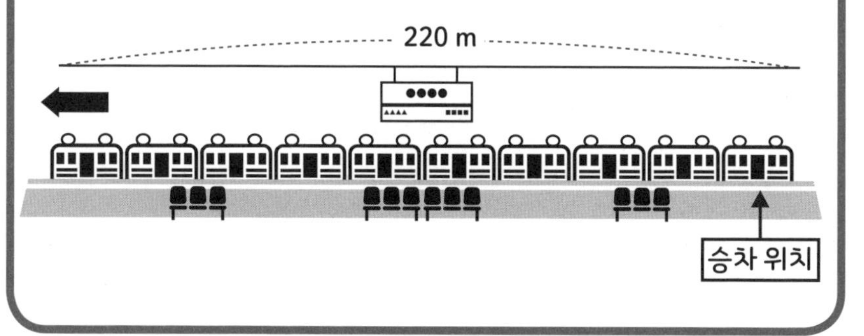

기차는 시속 몇 km 정도로 달리고 있을까요? 여러 자료를 살펴보면 일반적인 기차는 시속 30~80km로 달리고, 급행은 시속 80~120km 정도로 달린다고 합니다. 이 문제에서는 지금 자신이 타고 있는 기차가 출발한 후로부터 플랫폼을 통과할 때까지의 시간을 측정하고, 가속도를 구한 후 기차의 속도를 계산해 보도록 합시다.

미분이란

이 책 2장의 '06. 어느 차량이 다음 신호에 통과할 수 있을까요?'에서 소개했던 $y=t^2$의 그래프 상의 점 (t, t^2)의 접선의 기울기는 $2t$라는 것을 알 수 있었습니다. 이처럼 곡선 $y=t^2$상의 접선의 기울기를 구하는 것을 t^2을 t로 **미분**한다고 하며, $(t^2)'$라고 표현합니다. 이를 정리해 보면 다음의 식과 같습니다.

• 미분 공식 •

$$(t^2)' = 2t \cdots\cdots ①$$

또한 미분에는 다음과 같은 성질이 있습니다.

$(At^2)' = A(t^2)' = 2At$ (A는 정수) …… ②

가속도 식에서 미분을 이용해 속도의 식을 구해 봅시다.

이 책 2장의 '06 어느 차량이 다음 신호에 통과할 수 있을까요?'에서는 정지 상태에서 가속도를 구할 경우 a를 가속도, t를 시간, y를 t초간 이동한 거리라고 하면, 이 셋의 관계는

$$y = \frac{1}{2}at^2 \quad \cdots\cdots ③$$

으로 나타낼 수 있다고 설명했습니다. 이번에는 기차가 플랫폼을 통과한 순간의 속도를 구하려고 합니다. 바꾸어 말하면, 기차가 출발한 때로부터 20초 후의 기차 속도를 구하려는 것입니다.

속도는 거리(③의 식)를 시간(③의 식 t)으로 미분하면 구할 수 있습니다. $y = \frac{1}{2}at^2$라는 관계식으로부터 a를 정수라 하고, $\frac{1}{2}at^2$을 t로 미분합니다. ②에서 $A = \frac{1}{2}a$라고 하면,

$$\left(\frac{1}{2}at^2\right)' = \frac{1}{2}a(t^2)' = \frac{1}{2}a \times 2t = at \quad \cdots\cdots ④$$

이기 때문에, t초 후의 속도는 at라는 것을 알 수 있습니다.

그러면 문제를 풀어 보도록 합시다. 플랫폼을 통과하기까지의 시간 20초와 아들이 승차한 위치에서 진행 방향으로 플랫폼이 끝날 때까지의 거리가 220m이므로 플랫폼을 통과할 때의 속도를 구할 수 있습니다. 엄밀히 따지면 아들이 플랫폼을 통과했을 때의 속도라고 말해야 하겠지만, 이 차이는 아주 근소하기 때문에 여기서는 생각하지 않도록 하겠습니다.

또한, 기차가 출발한 후 속도가 점점 빨라지기 때문에 단순하게 '거리 ÷ 시간 = 220m ÷ 20초'로는 이 문제의 속도를 구할 수 없다는 사실도 주의해야 합니다.

$\sin = -xy^2$
$fg = 2x^2 + 1$
$a+h+d = 80°$

정답 시속 약 80km로 플랫폼을 통과합니다!

③의 거리와 가속도, 시간의 관계식에 y = 220m, t = 20s를 대입해서 가속도 a[m/s^2] 를 구하면,

$$y = \frac{1}{2}at^2$$

$$220 = \frac{1}{2}a \times 20^2$$

$$440 = a \times 400$$

$$a = \frac{440}{400} = 1.1\ \text{m/s}^2$$

④에서 제시한 t초 후의 속도를 구하는 식에 t = 20s라고 했을 때 앞서 구한 a = 1.1m/s^2 값을 대입하면,

$$at = 1.1\ \text{m/s}^2 \times 20\ \text{s} = 22\ \text{m/s}$$

구하려고 하는 것은 km 단위일 때의 속도이므로

$$22\ \text{m/s} = 22\ \text{m/s} \times \frac{3600\ \text{s}}{1000\ \text{m}} = \mathbf{79.2}\ \text{km/h}$$

약 80km/h입니다.

따라서 플랫폼을 통과할 때의 속도는 약 80km/h라는 것을 알 수 있습니다. 이처럼 기차의 가장 뒤편에 탑승 후, 플랫폼이 끝날 때까지 거리와 기차가 출발한 후 플랫폼을 통과하기까지 걸린 시간을 안다면, 탑승한 기차가 플랫폼을 통과했을 때의 속도를 구할 수 있습니다.

도로에서 교통 정체가 발생하는 원인은 무엇일까요?

도로에서 운전할 때 차량 간 거리를 충분히 확보하도록 합시다.

문제

도로에서 교통 정체가 발생하는 원인이 브레이크를 밟기 때문일까요?

아버지께서 고속 도로에서 운전하실 때 앞 차량이 어떤 이유에서인지 순간적으로 0.1초 동안 브레이크를 밟았습니다. 앞 차량의 급브레이크에 놀란 아버지는 앞차보다 0.3초 길게 브레이크를 밟았습니다. 그러자 뒤차도 깜짝 놀라서 아버지의 차보다 0.3초 길게 브레이크를 밟았습니다. 그럼 이 뒤에 달리고 있던 차가 '앞차가 브레이크를 밟은 시간 0.3초'씩 브레이크를 밟는다고 하면, 아버지의 앞 차량으로부터 20대째 차량은 브레이크를 몇 초나 밟게 될까요?

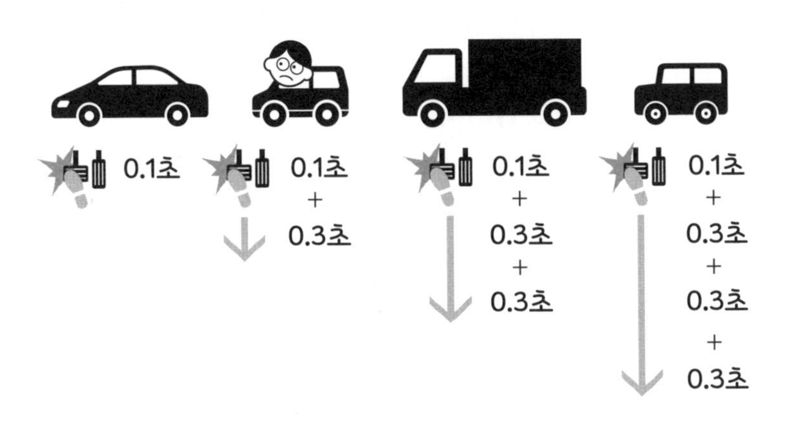

고속 도로나 일반 도로에서 사고도 발생하지 않았고 도로 공사 중인 것도 아니며, 일방통행인 것도 아닌데 교통 정체가 발생할 때가 있습니다. 일반적으로는 ① 새그 부분(내리막에서 오르막으로 바뀌는 곳), ② 터널 입구, ③ 도로가 합류하는 지점 등에서 '앞 차량이 속도를 줄였기 때문에 뒤 차량이 브레이크를 밟는' 것이 교통 정체의 원인이라고 할 수 있습니다.

이 문제에서는 앞 차량이 브레이크를 밟았기 때문에 바로 뒤에서 달리고 있던 차량이 0.3초 길게 브레이크를 밟은 경우, 20대째 차량은 브레이크를 몇 초간 밟는지를 살펴볼 것입니다. 처음 브레이크를 밟은 차량을 첫 번째 차량이라고 하고 계산해 봅시다.

등차수열이란

수를 일렬로 나열한 것을 **수열**이라고 합니다. 수열을 이루고 있는 각각의 수를 수열의 **항**이라 하고, 수열의 첫 항을 **초항**이라고 합니다.

다음 수열을 항과 항의 차이에 주목하며 살펴보도록 합시다.

2 5 8 11 14 17……

모든 항이 각각 3씩 차이 나는 것을 확인할 수 있습니다. 다시 말해 이 수열은 초항 2에 차례대로 3을 더해 생기는 수열이라는 것입니다. 이처럼 일정한 수를 차례로 더해서 얻을 수 있는 수열을 **등차수열**이라고 하며, 더하는 일정한 수를 **공차**라고 합니다.

등차수열에는 다음과 같은 성질이 있습니다.

• 등차수열의 성질 •

초항을 a, 공차를 d라고 하면,

- 등차수열의 제 n번째 항 a_n $a_n = a + (n-1)d$
- 등차수열의 제 n항까지의 합 S_n $S_n = \frac{1}{2}n\{2a + (n-1)d\}$

앞에서 나온 초항 $a = 2$, 공차 $d = 3$인 등차수열의 제 n번째 항은

$$a_n = 2 + (n-1) \times 3 = 3n - 1$$

로 나타낼 수 있습니다. 또한 이 등차수열의 제 4항까지의 합 S_4는,

$$S_n = \frac{1}{2}n\{2a + (n-1)d\}$$
$$= \frac{1}{2} \times 4 \times \{2 \times 2 + (4-1) \times 3\} = 26$$

이 되므로, 이것은 '2+ 5+ 8+11 = 26'과 같은 값이 됩니다.

일상 속에서 발견할 수 있는 등차수열

예를 들어, 오늘부터 매일 적금을 넣는다고 생각해 봅시다. 첫날에 10원을 저금하고 매일 10원씩 저금하는 액수를 늘려 나가는 것은 등차수열과 관련이 있습니다.

예를 들어, 저금을 시작한 후 30일째가 되는 날의 저금액 a_{30}은

$$a_{30} = 10 + (30-1) \times 10 = 300 \quad \textbf{300원}$$

이 되며, 30일 동안 저금한 금액 S_{30}은,

$$S_{30} = \frac{1}{2} \times 30\ \{2 \times 10 + (30-1) \times 10\}$$
$$= 4{,}650 \quad \textbf{4,650원}$$

이 됩니다. 그러면 문제를 풀어 봅시다.

$\sin = -xy^2$
$fg = 2x^2 + 1$
$a+h+d=$

정답 20대째의 차량은 5.8초간 브레이크를 밟습니다!

초항이 0.1초이고 공차가 0.3초인 등차수열의 20항째 값을 구하면 되는데, 등차수열의 n번째 항의 식에 대입해보면,

$a_{20} = 0.1 + (20 - 1) \times 0.3 = 0.1 + 19 \times 0.3 = 5.8$ ◀··· 5.8초

20번째 차량은 거의 6초 동안이나 브레이크를 밟는다는 사실을 확인할 수 있습니다. 브레이크를 6초나 밟으면 속도는 꽤 줄어들 것입니다. 첫 번째 차량이 불과 0.1초간 속도를 줄인 것으로 인해 20번째 차량은 약 6초간 속도를 줄이게 된다는 것이지요.

그러면 이러한 이유로 교통 정체가 발생하지 않게 하려면 어떻게 하면 좋을까요? 예를 들면, 충분한 차간 거리를 유지하는 것이 도움이 될 수 있습니다.

차간 거리가 충분하면 앞 차량이 0.1초 동안 브레이크를 밟는다 하더라도 뒤 차량은 아까보다 적은 0.2(=0.1+0.1)초만 브레이크를 밟으면 될 수도 있습니다.

그러면 초항이 0.1초, 공차가 0.1초인 등차수열이 되므로, 20대째의 차량이 브레이크를 밟는 시간인 a_{20}은, 다음과 같이 2.0초라는 것을 확인할 수 있습니다.

$$a_{20} = 0.1 + (20 - 1) \times 0.1 = 0.1 + 19 \times 0.1 = 2.0$$

20번째의 차량이 브레이크를 2.0초 동안 밟는다면 속도를 많이 떨어뜨리지 않습니다. 그리고 20번째의 차량에 이르기 전 어딘가에 차간 거리를 충분히 유지한 곳이 있다면 그다음 차량부터는 브레이크를 밟지 않아도 되겠지요.

교통 정체를 방지하기 위해서는 차간 거리를 충분히 유지하며 운전하고, 브레이크를 무턱대고 밟지 않는 것이 중요하겠습니다. 물론 속도를 너무 높이면 커브 길에서 브레이크를 밟아야하겠지만, 가능한 일정한 속도로 주행한다면 이론상으로는 교통 정체 상황은 발생하지 않을 것입니다.

해운대 IC까지 실제로는 몇 시간 걸릴까요?

경험치를 통해서 모르는 것을 추측해 봅시다.

문제

해운대 IC까지 몇 시간 걸릴까요?

이번 연휴에 가족과 함께 자동차를 타고 부산까지 여행을 가려고 합니다. 아버지와 어머니께서 번갈아 운전을 하시는데 대전, 김천, 대구의 각 IC까지는 가 본 적이 있으며, 안성 분기점에서 각각 약 1시간, 2시간, 3시간 반 정도 걸렸습니다. 해운대 IC까지는 몇 시간 정도 걸릴 것이라고 예상할 수 있을까요? 안성 분기점에서 대전까지는 약 103km, 김천까지는 약 216km, 대구까지는 약 332km, 해운대 IC까지는 약 680km 떨어져 있다고 가정해 봅시다.

안성분기점
대전
김천
대구
해운대

차로 멀리 이동할 경우, 특히 처음 가 보는 장소에 가야 할 경우에는 그 장소까지 가는데 시간이 얼마나 걸리는지 인터넷 경로 탐색 등의 방법을 이용해서 미리 찾아볼 것입니다. 이번에는 인터넷에 의지하지 않고 회귀 분석이라는 방법을 사용해서 아직 가 본 적이 없는 목적지까지 가는 데 걸리는 시간을 추측해 봅시다.

회귀 분석, 회귀식이란

여기서는 회귀 분석이라는 통계적인 방법을 사용해 보겠습니다. **회귀 분석**이란 2가지 수치의 그룹간 관계를 **회귀식**이라는 직선식으로 나타낸 뒤, 이 식을 이용해 미지의 값을 예측하는 것을 의미합니다. 이 문제에서는 대전, 김천, 대구의 각 IC까지 걸리는 시간을 사용해서 직선식(회귀식)을 구한 후, 그 직선에 해운대 IC까지의 거리를 대입하여 해운대 IC까지 가는 시간을 구해 보겠습니다.

2가지 변수 x, y의 값을 좌표 평면상에 두었을 때, 그 점의 정중앙을 통과하는 직선을 **회귀 직선**이라고 하며 그 직선의 식인 $y = ax + b$를 **회귀식**이라고 합니다.

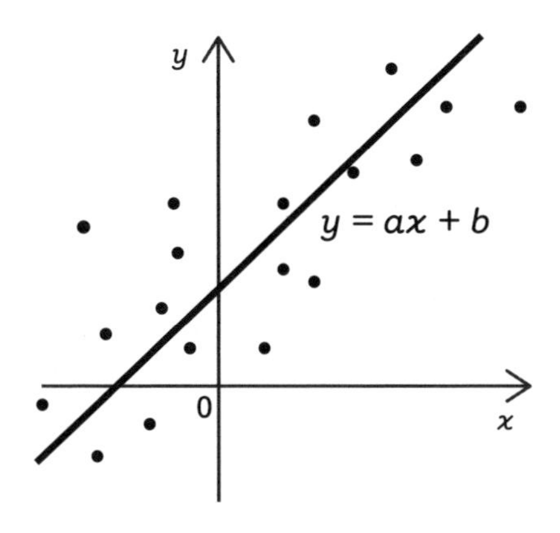

회귀 분석에서 직선식을 구하는 몇 가지 방법이 있습니다. 그중 대표적인 것이 **최소 제곱법**입니다. 최소 제곱법이란, 지금 있는 점과 직선과의 오차가 최소가 되도록 직선의 기울기와 절편을 구하는 방법입니다.

회귀식 $y = ax + b$에서 x의 평균을 $\overline{x}$, y의 평균을 $\overline{y}$라고 하면, 다음 식이 성립합니다. a는 기울기, b는 절편입니다. Σ에 대해서 더 알아보려면 제2장 '07 어느 버스 회사가 시간을 더 정확하게 지킬까요?'를 참조하시기 바랍니다.

기울기 a는 x축 방향으로 +1 나아갔을 때, 직선은 y축에서 얼마만큼 올라가는지(혹은 내려가는지)를 나타낸 것입니다. **절편** b는 직선과 y축과의 교점인 y좌표를 나타냅니다.

$$a = \frac{\sum_{i=1}^{n}(x_i - \bar{x})(y_i - \bar{y})}{\sum_{i=1}^{n}(x_i - \bar{x})^2} \quad \cdots\cdots\cdots ①$$

$$\bar{y} = a\bar{x} + b \quad \cdots\cdots\cdots ②$$

이제 문제에서 주어진 정보를 정리해 봅시다. 안성 분기점에서 각 IC까지 가는데 걸린 시간을 x시간, 거리를 $y$km라고 하고, x와 y의 회귀식을 구해 봅시다.

앞에서 a를 구하는 식 ①에 필요한 각각의 값을 계산해 봅시다.

	x_i	y_i	$x_i - \bar{x}$	$y_i - \bar{y}$	$(x_i - \bar{x})^2$	$(x_i - \bar{x})(y_i - \bar{y})$
대전	1	103	−1.2	−114	1.44	136.8
김천	2	216	−0.2	−1	0.04	0.2
대구	3.5	332	1.3	115	1.69	149.5
평균	*2.2	217				
합계(Σ)					3.17	286.5

*는 소수점 둘째 자리를 반올림한 것.

표를 통해서 $\sum_{i=1}^{n}(x_i-\bar{x})(y_i-\bar{y})=286.5$, $\sum_{i=1}^{n}(x_i-\bar{x})^2=3.17$, $\bar{x}=2.2$, $\bar{y}=217$ 이라는 것을 알 수 있습니다. 그러면 문제를 풀어 봅시다. 결과는 다음 페이지에 있습니다.

그리고 이 문제의 안성 분기점에서 각각의 IC까지 걸리는 시간과 거리의 관계를 그래프로 만들면 다음 그림과 같습니다.

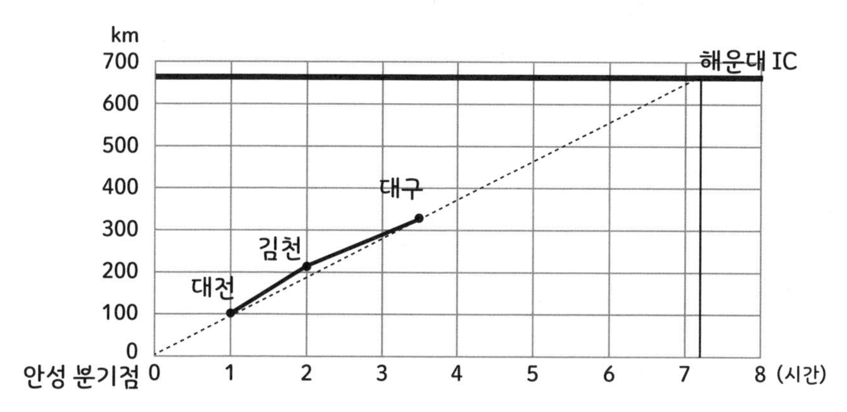

정답 경험을 통해서 유추해 보면 안성 분기점에서 해운대 IC까지 약 7시간 18분 걸립니다!

식 ①에 $\sum_{i=1}^{n}(x_i - \bar{x})(y_i - \bar{y}) = 286.5$, $\sum_{i=1}^{n}(x_i - \bar{x})^2 = 3.17$ 을 대입해서

$$a = \frac{\sum_{i=1}^{n}(x_i - \bar{x})(y_i - \bar{y})}{\sum_{i=1}^{n}(x_i - \bar{x})^2} = \frac{286.5}{3.17} = 90.378\cdots\cdots \fallingdotseq 90.4$$

1시간당 평균 90.4km 이동합니다.

식 ②에, $\bar{x} = 2.2$, $\bar{y} = 217$, $a = 90.4$ 를 대입해서,

$\bar{y} = a\bar{x} + b$

$217 = 90.4 \times 2.2 + b$

$b = 18.12 \fallingdotseq 18.1$ ········· ④

식 ③과 ④를 통해 구할 수 있는 회귀식은,

$y = 90.4x + 18.1$ ········· ⑤

안성 분기점에서 해운대 IC까지의 거리 680km를
⑤의 식에 대입하면,

$680 = 90.4x + 18.1$

$x = 7.3219\cdots\cdots \fallingdotseq 7.3$ 시간 = **7시간 18분**

0.3시간을 분으로 바꾸면, 0.3×60=18

3장

'쇼핑할 때' 편

어느 쇼핑센터에서 포인트를 적립하는 것이 더 좋을까요?

단골 쇼핑센터를 선택해 봅시다.

문제

어느 쇼핑센터에서 물건을 사는 것이 더 이득이 있을까요?

- **A 쇼핑센터**

  100원에 1포인트를 적립해 줍니다.

  100포인트가 쌓이면 500원을 할인해 줍니다.

- **B 쇼핑센터**

  50원에 1포인트를 적립해 줍니다.

  200포인트가 쌓이면 1,000원을 할인해 줍니다.

집에서 비슷한 거리에 2개의 쇼핑센터가 있습니다. 무료로 회원 가입을 한 후, 쇼핑센터 안에 있는 가게에서 물건을 구매하면 위와 같은 조건으로 할인 서비스를 받을 수 있다고 합니다. 여러분이라면 어느 쇼핑센터를 이용하실 건가요? 이번에는 비율을 이용해서 포인트 환원율을 구해 봅시다.

비율에 관해 생각해 봅시다.

비율이란 '숫자 2를 기준으로 했을 때, 또 다른 숫자는 몇이 되는가'를 나타낸 것입니다. 비율은 소수, 백분율, 할푼리 등으로 나타낼 수 있으며 오른쪽 표처럼 대응됩니다.

백분율	소수	할푼리
100%	1.0	10할
10%	0.1	1할
1%	0.01	1푼

예를 들어 200에 대한 40의 비율을 생각해 보면,

$$40 \div 200 = 0.2 = 20\,\% = 2\text{ 할}$$ ◀··· 기준은 200

포인트 환원율도 비율로 나타낼 수 있습니다. '할인을 받기 위해 지불하는 금액'을 기준으로 하고, 그에 관한 '할인 금액'의 비율을 고려해 봅시다. 포인트 환원율은 다음 식으로 나타낼 수 있습니다.

$$\text{포인트 환원율(\%)} = \frac{\text{할인 금액}}{\text{할인을 받기 위해 지불하는 금액}} \times 100$$

정답 B 쇼핑센터를 이용하는 것이 더 이익입니다!

- A 쇼핑센터

  할인을 받기 위해 지불해야 하는 금액

  = 100원 × 100포인트 = 10,000원

A 쇼핑센터의 포인트 환원율 = $\frac{500}{10000} \times 100 = 5\%$

- B 쇼핑센터

  할인을 받기 위해 지불해야 하는 금액

  = 50원 × 200포인트 = 10,000원

B 쇼핑센터의 포인트 환원율 = $\frac{1000}{10000} \times 100 = 10\%$

훨씬 이득이지요!

할인을 받기 위해 지불해야 하는 금액은 동일하지만,
포인트 환원율을 고려해 보면 B 쇼핑센터를 이용하는 것이
이익이라는 것을 알 수 있습니다.

단위량 기준의 계산

어느 팩에 든 고기를 사야 더 이익일까요?

기준을 정해서 비교해 봅시다.

문제

고기는 1g당 얼마일까요?

저녁 식사 재료를 사러 슈퍼에 왔습니다. 오늘은 고기 종류를 세일하는 날이어서 여러 브랜드의 고기가 팩에 포장된 상태로 판매되고 있었습니다. 그런데 팩마다 가격도 다르고 들어 있는 고기의 양도 다른데 어느 팩을 사야 더 이익일까요?

❶ ABC 소고기 200g에 5,000원
❷ 가나다 소고기 300g에 6,000원

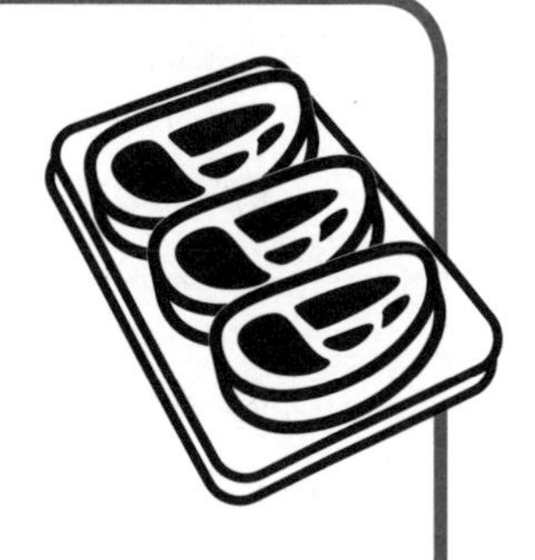

신선식품 코너에서 팩에 들어 있는 고기가 다양하게 판매되고 있습니다. 소고기, 돼지고기, 닭고기, 양고기 등 오늘 저녁 반찬으로 어떤 고기를 살지 결정해야 하는데, 어느 팩에 든 고기를 사야 더 이득이 될까요? 이럴 때는 기준을 정하고 그 기준과 비교해서 어느 정도 차이가 나는지를 비교하면 됩니다. 이번에는 기준을 '1g'으로 잡고, '1g당 얼마인지'를 계산하여 비교해 봅시다.

1g에 얼마일까요? 단위당 가격을 계산해 봅시다.

'1g당'으로 구하는 것을 '단위량을 구한다.'고 표현합니다.

(비교되는 수) ÷ (기준으로 삼는 수) = (단위 1만큼의 수)

'1g당 얼마일까?'를 계산할 경우, '비교되는 수 = 원(금액)', '기준으로 삼는 수 = g(무게)'이므로 원(금액)을 g(무게)로 나누면 됩니다.

정답 가나다 소고기를 사는 것이 더 이익입니다!

❶ ABC 소고기 200g에 5,000원
5,000원 ÷ 200g = **25**원/g

❷ 가나다 소고기 300g에 6,000원
6,000원 ÷ 300g = **20**원/g (가격이 저렴한 편이 더 이익입니다!)

❶의 ABC 소고기는 1g당 25원이고, ❷의 가나다 소고기는 1g당 20원입니다. 1g당 가격으로 비교해 보면 아주 근소한 차이로 '❷ 가나다 소고기 300g에 6,000원'짜리 팩이 더 저렴합니다.

팩의 무게를 같게 만든 후에 비교해 봅시다.

조금 전까지는 '1g당 얼마일까?'를 비교했는데, 이번에는 어느 팩을 구매하는 것이 더 이익일지 또 다른 관점으로 생각해 봅시다. 이번에는 '❶ ABC 소고기 200g에 5,000원'의 팩에 들어 있는 고기의 양을 늘려서 '❷ 가나다 소고기'와 동일하게 300g으로 만든 경우, 다시 말해 '❶ ABC 소고기 300g은 얼마일까요?'를 계산해 봅시다. 같은 무게의 고기라면 가격이 더 저렴한 팩이 당연히 이득이 되겠지요.

이 계산은 그다지 어렵지 않습니다. ❶ ABC 소고기는 1g당 25원이었습니다. 그러면 이 소고기를 300g 구매하면 얼마일까요? 순서에 따라 차근차근 계산해 보면 됩니다.

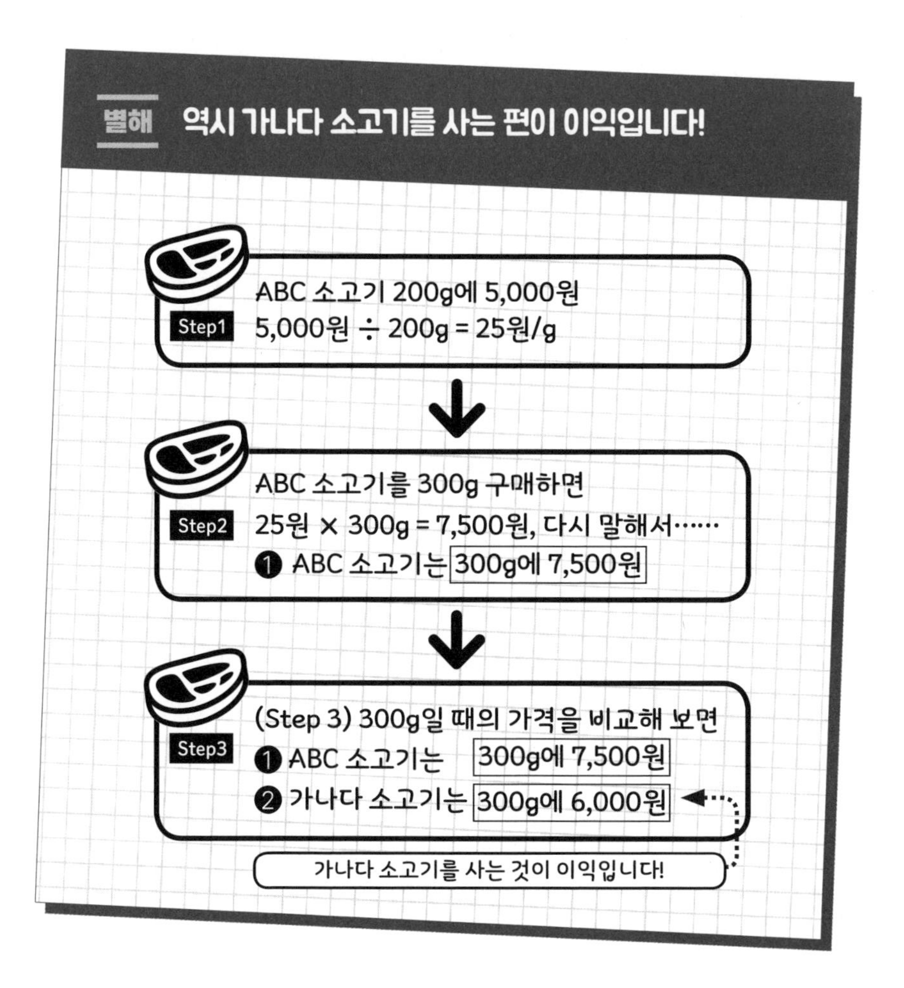

팩에 들어 있는 양을 동일하게 만들면 가격을 비교하기가 더 쉬워지고, 어느 고기를 사는 것이 이익인지를 금방 알 수 있습니다. 이처럼 무엇을 기준으로 하느냐에 따라 다양한 계산 방법이 있습니다. 중요한 것은 '기준'을 정확하게 정해야 한다는 점입니다.

숫자를 나열해서 생각해 봅시다.

그러면 더욱 단순하게 비교할 수 있는 예시를 소개하겠습니다. 핵심은 '숫자의 특징을 파악하면서 계산하는 것'입니다.

예를 들어, ❸ 'XYZ 돼지고기는 250g에 5,000원'이고, ❹ '가나다라마 돼지고기는 350g에 7,500원'입니다.

이 두 브랜드의 돼지고기를 팩 단위로 비교해 봅시다.

먼저 숫자의 특징을 파악하기 위해 조건을 나열해 보겠습니다. 슈퍼마켓에서는 각각의 팩을 위아래로 쌓아 놓으면 이해하기가 더 쉬울 것입니다.

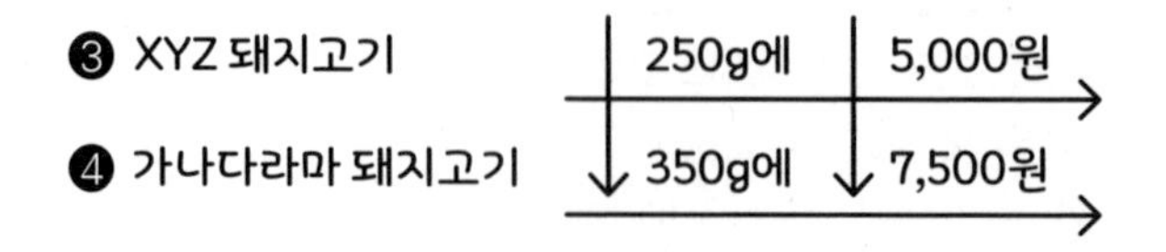

숫자를 가로와 세로 2개 방향으로 나누어 살펴보겠습니다.

g(무게)의 숫자끼리, 즉 세로로 나열된 숫자를 한눈에 비교하기가 어렵다고 느끼는 분들이 많을 것 같습니다.

250g에 몇 배를 곱해야 350g이 되는 것인지를 바로 계산하기는 쉽지 않지요. 그래서 가로 방향의 숫자에 주목해 보아야 합니다.

❸은 250g을 기준으로 했을 때 5,000은 그 2배가 됩니다. 여기서 '2배'를 기준으로 생각해 보면 ❹는 350×2 = 7,000이므로 7,000원이 되는 것입니다. 그런데 실제 가격은 7,500원이므로 ❸보다 ❹가 더 비싸다고 할 수 있습니다.

이러한 비교 방법이 잘 이해되지 않는 분도 계실 것 같습니다. 그러면 단위당 가격을 계산한 뒤, 같은 양을 구매했을 때 가격이 얼마나 다른지 계산하면 됩니다.

❸은 **5,000원 ÷ 250g = 20원/g**이므로, 1g당 가격은 20원이 됩니다. 이 고기가 ❹와 같은 350g의 팩에 들어 있다고 가정하면, **20원/g × 350g = 7,000원**이 됩니다.

'❹ 가나다라마 돼지고기'는 350g에 7,500원이므로 ❹번 돼지고기가 더 비싸다는 것을 알 수 있습니다.

쇼핑센터에서 2번 할인을 받으면 더 저렴한 건가요?

1번 할인을 받은 금액에서 추가 할인을
받았을 경우를 생각해 봅시다.

문제

100,000원짜리 물건을 결국 얼마에 살 수 있다는 것인가요?

??% OFF

아버지와 아들이 신발을 사러 갔더니, 신발 가게에서는 독특한 방법으로 세일을 하고 있었습니다. 2번 할인을 해 주는 것 같은데, ❶~❸번 상품은 각각 얼마에 구매할 수 있다는 것일까요?

❶ 정가 100,000원에서 30% 할인한 뒤 계산대에서 추가 10% 할인 적용
❷ 정가 100,000원에서 20% 할인한 뒤 계산대에서 추가 20% 할인 적용
❸ 정가 100,000원에서 10% 할인한 뒤 계산대에서 추가 30% 할인 적용

시즌 초특가 세일이 막바지에 달할 즈음에는 간판이나 전단지 광고에서 '계산대에서 추가 할인을 해 드립니다!'라는 문구를 흔히 볼 수 있습니다. 1번 할인을 받은 가격에서 추가로 할인을 더 받을 수 있다면, 가격이 더 저렴해지니 훨씬 이득이라는 생각이 듭니다. 그러면 위의 3가지 할인 방법 중 어떤 것이 가장 이익일까요? 질문을 바꾸어 보면, 어느 할인 방법을 선택해야 가장 저렴하게 구매할 수 있을까요? 할인을 계산할 때 중요한 것은 최초의 가격(정가)이 아니라 할인율입니다. 최초 가격을 100,000원으로 정했는데, 그 가격이 200,000원이든 50,000원이든 할인율은 바뀌지 않는다는 것에 주의해야 합니다.

할인을 계산하는 기본 방법

❶의 경우, 먼저 정가 100,000원에서 30% 할인된 만큼의 금액을 구합니다.

계산할 때는 백분율(%)을 소수로 바꾼 후에 계산합니다.

30% = 0.3이므로,

❶의 최초 할인 금액 = 100,000원 × 0.3 = 30,000원 …… ①

그다음에는 원래의 100,000원에서 할인율을 빼서 정가 100,000원의 30% 할인된 가격을 구합니다.

❶의 최초 할인 금액 = 100,000원 − 30,000원 = 70,000원 …… ②

여기서 식 ①과 식 ②를 비교해 보시기 바랍니다.

두 식 모두 공통적으로 '100,000원'이 포함되어 있으므로 사실 의미 없는 계산을 한 것입니다. '30% 할인'이란 '70%를 지불한다.'는 것과 같으므로 '100,000원의 70%는 얼마인지'를 계산하면 할인 뒤의 가격을 바로 계산할 수 있습니다.

할인을 계산할 때 지불 금액을 확인하려면 '할인 금액을 구한 뒤, 원래 가격에서 뺀다.'는 것이 원칙이지만, 실제로는 '지불할 비율을 구해서 그 숫자를 가지고 지불 금액을 계산한다.'는 방법이 더 간단하면서도 빠른 경우가 많습니다. 인터넷 사이트의 경우라면 다를 수 있겠지만, 보통 오프라인 매장의 경우에는 할인율이 '10%, 15%, 20%, 30%,……'처럼 딱 떨어지는 숫자인 경우가 많기 때문입니다.

예를 들어 10% 할인인 경우라면 지불할 금액은 90%이므로 정가의 90%를 계산(정가×0.9)하면 실제 지불할 금액을 알 수 있습니다. 이 정도 계산이라면 숫자에 약한 분이라도 '지불 금액'을 쉽게 파악할 수 있겠지요.

할인을 2번 적용할 때 계산하는 방법

그러면 할인을 2번(할인된 금액에서 다시 1번 할인을 더 하는 것) 적용할 때는 어떻게 계산하면 좋을까요? 결론부터 이야기하자면 정가에 '원래의 할인을 통해 지불할 금액 × 두 번째 할인으로 지불할 금액'을 곱하면 계산할 수 있습니다. '할인'이라고 하면 어쩐지 뺄셈을 해야만 할 것 같은 생각이 들지만 곱셈을 가지고 최종적으로 지불할 금액을 계산할 수 있습니다.

정답 ❶과 ❸은 63,000원, ❷는 64,000원입니다.

①정가 100,000원에서 30% 할인 뒤, 계산대에서 추가로 10%를 할인할 경우,
지불할 금액은 정가의 70% (=0.7) 금액에,
추가로 그 90% (=0.9) 만큼의 금액이므로
❶이 지불할 금액 = 100,000원 × 0.7 × 0.9 = 63,000원

②정가 100,000원에서 20% 할인 뒤, 계산대에서 추가로 20%를 할인할 경우,
지불할 금액은 정가의 80% (=0.8) 금액에,
추가로 그 80% (=0.8) 만큼의 금액이므로
❷가 지불할 금액 = 100,000원 × 0.8 × 0.8 = 64,000원

③정가 100,000원에서 10% 할인 뒤, 계산대에서 추가로 30%를 할인할 경우,
지불할 금액은 정가의 90% (=0.9) 금액에,
추가로 그 70% (=0.7) 만큼의 금액이므로
❸이 지불할 금액 = 100,000원 × 0.9 × 0.7 = 63,000원

❶ ~ ❸의 계산 결과를 보면 지불 금액이 적은 것은 63,000인 ❶과 ❸입니다. ❶과 ❸은 할인하는 순서가 30% → 10%, 10% → 30%로 다르지만 지불하는 금액에 관한 식을 자세히 살펴보면, '100,000원 × 0.7 × 0.9'인지, '100,000원 × 0.9 × 0.7'인지의 차이로, 곱하는 순서가 달라진 것이지 계산 결과는 같다는 것을 알 수 있습니다.
그러면 다음 문제를 한번 풀어 봅시다. 아까와 마찬가지로 할인에 관한 문제인데, 매우 헷갈리기 쉬운 내용입니다.

문제

어느 가게에서 구매하는 것이 이익일까요?

쇼핑센터의 다른 층으로 이동해 보니, 나란히 있는 두 잡화점에서 아래와 같이 세일을 하고 있었습니다. 어느 가게에서 구매하는 것이 이익일까요?

❹ 100,000원에서 25% 를 할인

❺ 100,000원에서 20% 를 할인한 뒤, 계산대에서 추가로 5% 할인

'❹는 25%를 할인해 주고, ❺도 20% + 5% = 25%를 할인해 주는 것이므로 두 경우 모두 같은 가격이 아닐까?'라고 생각하고 계시진 않나요? 그러면 실제로 계산해 보도록 합시다.

정답 ④를 구매하는 것이 더 이익입니다!

④100,000원에서 25%를 할인 → 지불할 금액은 75% (=0.75)

지불 금액 = 100,000 × 0.75 = 75,000원

⑤100,000원에서 20%를 할인한 후, 계산대에서 추가로 5%를 할인

지불할 금액은 정가의 80% (=0.8) 금액에,

그 95% (=0.95) 만큼의 금액을 지불

지불할 금액 =

100,000원 × 0.8 × 0.95 = 76,000원

④의 경우가 더 저렴하게 구매할 수 있다는 것, 다시 말해 할인액이 큰 것을 알 수 있습니다. '추가 할인'이란 더하는 것이 아니라 곱하는 것임을 기억해야 합니다.

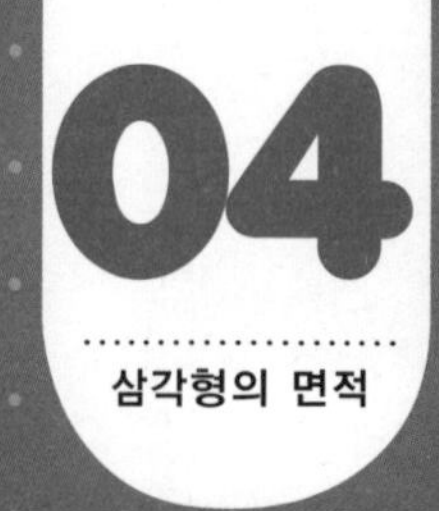

토지의 면적은 어떻게 측정할 수 있을까요?

특수한 사각형의 면적을 구하는 법

문제

형태가 일그러진 사각형의 면적은 어떻게 측정할 수 있을까요?

아들은 학교에서 도형의 면적에 관해 배웠습니다. 그런데, 부동산 사무실을 지나가다가 사무실 바깥에 아래의 그림과 같은 모양의 토지를 보고, 이 토지의 면적을 어떻게 구할 수 있을지 궁금해졌습니다. 정사각형도 아니고, 평행사변형도 사다리꼴도 아닌 이 사각형 토지의 면적은 과연 어떻게 측정할 수 있을까요?

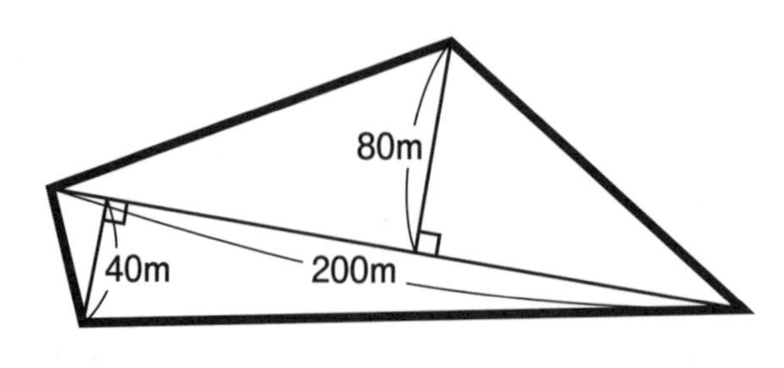

토지를 매매하려 할 때는 측량사가 토지를 측지합니다. 정사각형이나 직사각형과 같은 모양의 토지라면 공식을 사용해서 면적을 바로 계산할 수 있겠지만, 그런 모양이 아닌 경우가 더 많습니다. 여기서는 특수한 모양의 사각형 면적을 측정하는 방법에 대해 생각해 보겠습니다.

삼각형을 만들어서 면적을 구해 봅시다.

오른쪽 그림처럼 사각형에 대각선을 하나 그으면 사각형을 두 개의 삼각형으로 나눌 수 있습니다. 이를 사용해서 토지의 면적을 구해 봅시다.

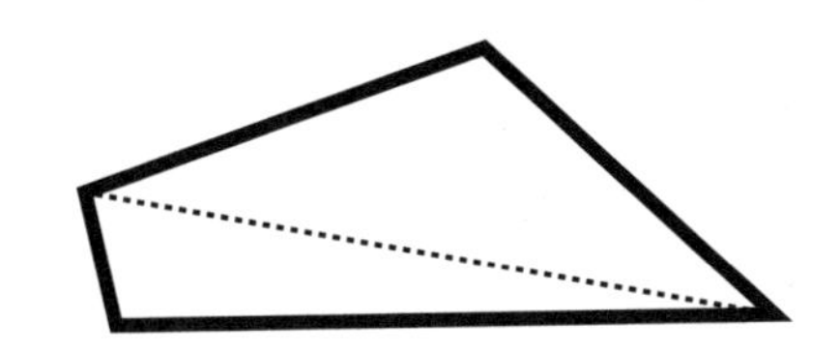

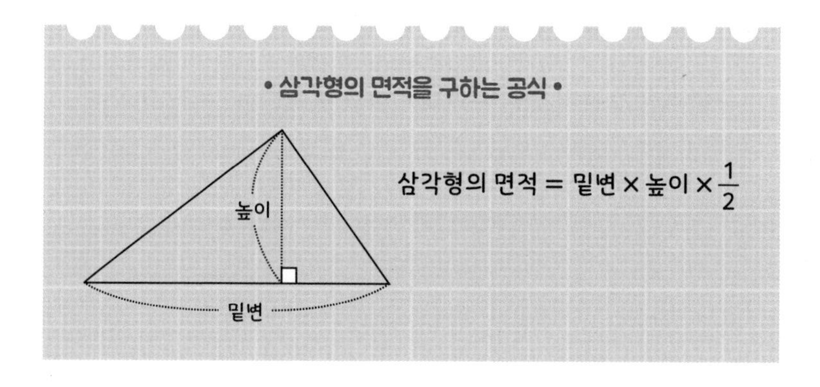

일반적인 삼각형의 경우 밑변×높이×$\frac{1}{2}$를 하면 면적을 구할 수 있습니다. 이 공식의 경우 밑변과 높이가 서로 수직으로 만나기 때문에 밑변×높이를 하면 직사각형의 면적이 되고 이것의 절반인 밑변×높이×$\frac{1}{2}$은 삼각형의 면적이 되는 것입니다.

정답 사각형을 분할해서 삼각형을 만들면 면적을 구할 수 있습니다.

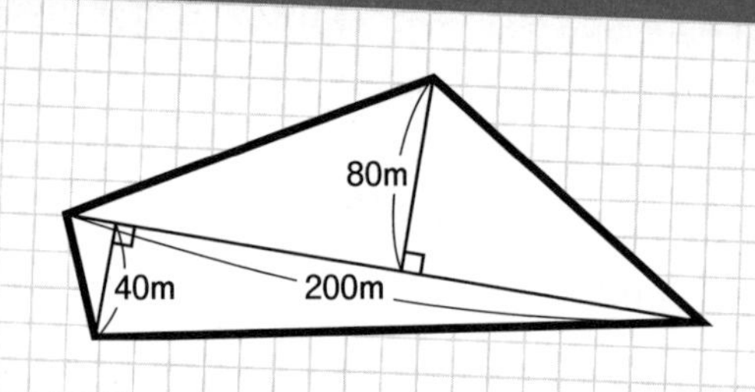

위쪽 삼각형의 면적 $= 200m \times 80m \times \frac{1}{2} = 8,000m^2$

아래쪽 삼각형의 면적 $= 200m \times 40m \times \frac{1}{2} = 4,000m^2$

구하려는 토지의 면적 $= 8,000m^2 + 4,000m^2 = 12,000m^2$

측지에 관해 조금 더 부연 설명을 하자면 이렇게 삼각형을 조합해서 구하는 방법 외에도 좌표를 사용해서 계산하는 방법도 있습니다. 지구의 중심을 원점으로 하고 각 점을 3차원 좌표 상에 놓은 후, 평면의 크기뿐만 아니라 표면의 요철까지도 계산할 수 있는 시스템입니다. 또한 우주 기술의 발달로 레이저 빛의 반사 등을 사용해 몇 cm 단위까지 세세하게 측정할 수 있는 방법도 있습니다.

용돈 1,000원을 어떻게 사용할까요?

무게를 달아서 파는 사탕을 사 봅시다.

문제

용돈 1,000원으로 사탕을 얼마만큼 살 수 있을까요?

아들과 딸이 과자 판매점에 가서 무게를 달아 판매하는 사탕을 보았습니다. 사탕의 무게에 따라서 금액이 결정되는 것입니다. 시험 삼아 저울에 한 번 달아보니, 300g에 250원이었습니다.
오늘 둘의 용돈을 합해 총 1,000원으로 사탕을 구매하려고 하면 과연 몇 g까지 살 수 있을까요?

용돈을 알차게 사용하는 것은 실생활과 밀접한 계산 문제에서 빼놓을 수 없는 소재일 것입니다. 그러면 시험 삼아 측정해 본 것을 가지고 사탕을 얼마나 살 수 있을지 예상해 보도록 합시다. 사탕의 무게와 가격이 비례 관계에 있다는 것이 핵심입니다.

비례 관계를 사용해서 답을 구해 봅시다.

비례란 2개의 수치에서 한쪽이 2배, 3배 …… 로 증가하면 다른 한쪽도 2배, 3배 …… 로 증가하는 관계를 의미합니다.

비례의 일반식은 $y = ax$(a: 비례 정수)이며, 그래프로 그리면 다음과 같습니다.

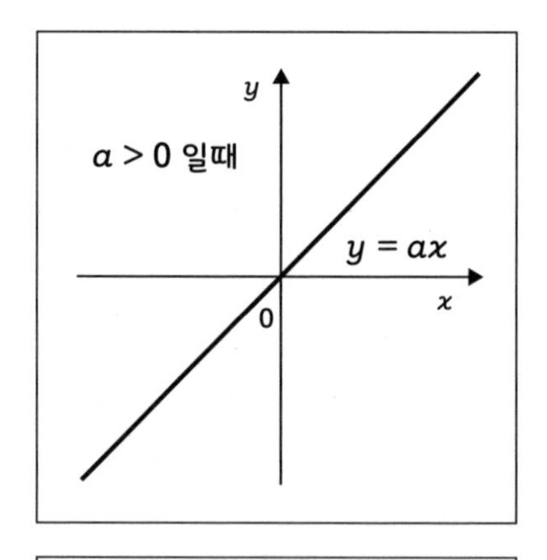

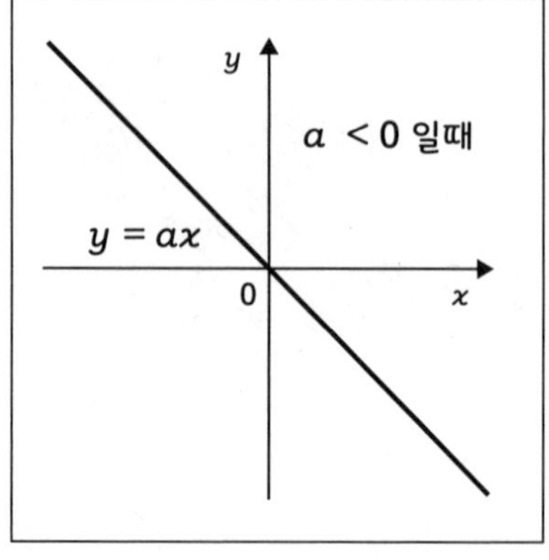

이 문제는 금액과 사탕의 무게가 비례 관계이기 때문에 x, y에 해당하는 것을 생각해 봅시다. 구하려는 것을 y로 두는 편이 풀기 쉬우므로 x를 금액(원), y를 무게(g)라고 합시다.

Sin = $-xy^2$
$fg = 2x^2+1$

정답 1,000원으로 사탕을 1,200g까지 살 수 있습니다!

사탕 300g이 250원이므로 $x = 250, y = 300$이며
이것을 비례 일반식인 $y = ax$에 대입해서,

$300 = a \times 250$ 에서, $a = \frac{300}{250} = \frac{6}{5}$

따라서, $y = \frac{6}{5}x$ ……①

여기서는 $x = 1,000$ 일 때의 무게 y(g)을 구하는 것이므로,

식 ①에 $x = 1,000$을 대입하면,

$y = \frac{6}{5} \times 1000 = 1,200$g ◀…… 1,000원으로 1,200g까지 살 수 있습니다!

그런데, 이 문제는 비례식을 사용하지 않아도 답을 도출할 수 있습니다. 조건을 한번 나열해 보도록 합시다.

세로 방향에 주목해 봅시다. 250원에 4배를 곱하면 정확히 1,000원이 됩니다. 따라서 [ ]안에는 300g X 4 = 1,200g으로 간단히 답을 구할 수 있습니다.

300g에	250원
[ ]g에	1,000원

입체 도형

아버지와 어머니가 원하시는 네모이면서 동시에 동그란 모양의 가습기를 살 수 있을까요?

조건에 맞는 것은 어떤 모양일까요?

문제

네모이면서 동시에 동그란 모양을 찾아봅시다!

가족과 함께 가전제품 매장에 가습기를 사러 갔습니다.
아버지와 어머니께서 사고자 하는 색깔이나 모양은 정해져 있었는데, 색상에 관해서는 두 분의 의견이 같았지만 형태는 의견이 나뉘었습니다. 아버지께서는 '네모 모양'을 사고 싶어 하시고, 어머니께서는 '동그란 모양'을 원하셨습니다. 그러자, 아들과 딸이 '여기 있어요!'라고 말하며 한 가습기를 가리켰습니다. 과연 어떤 모양의 가습기였을까요?

네모이면서 동그란 모양의 가습기라니, 과연 그런 것이 존재할까요? 이것은 입체 도형 문제입니다. '입체 도형은 어느 방향에서 보느냐에 따라 완전히 다른 형태로 보인다.'라는 것이 이 문제를 푸는 중요한 핵심입니다.

입체 도형이란 가로, 세로, 깊이가 있는 도형을 가리킵니다. 대표적인 입체 도형을 여러 방향에서 살펴본 후, 아들과 딸이 발견한 가습기를 함께 찾아보도록 합시다. '네모난 모양'은 '사각형'을, '동그란 모양'은 '원'을 생각하며 찾아본다면 답을 쉽게 발견할 수 있을 것입니다.

대표적인 입체 도형 정리

아래의 표에 대표적인 입체 도형의 명칭과, 각각의 도형을 대각선 위에서 바라본 겨냥도, 위에서 바라본 평면도, 옆에서 바라본 입면도(정면도)로 정리해 보았습니다.

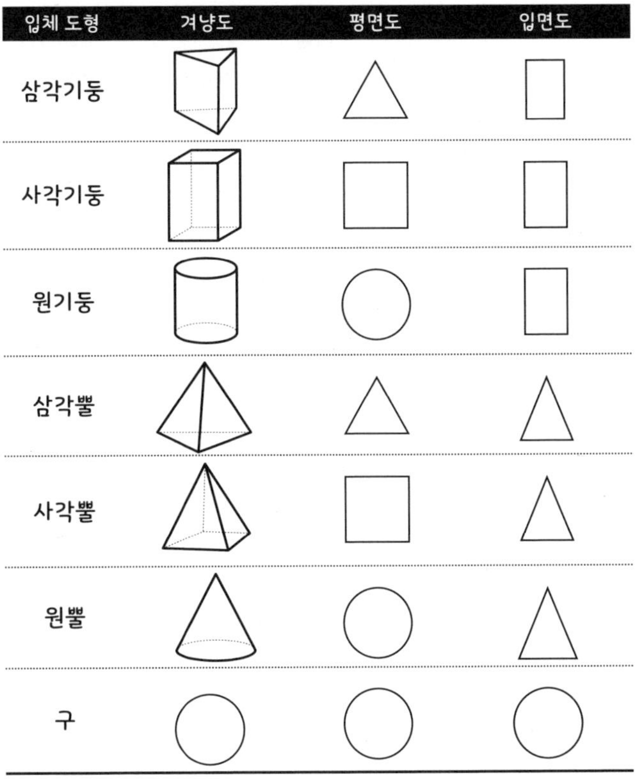

입체 도형	겨냥도	평면도	입면도
삼각기둥			
사각기둥			
원기둥			
삼각뿔			
사각뿔			
원뿔			
구			

입체 도형의 특징은, 겨냥도의 경우 실제 바라본 모습과 같지만 완전히 위에서 바라보거나 옆에서 바라보면 전혀 다른 도형으로 보인다는 것입니다. 어느 정점과 어느 선이 보이는지를 머릿속에 떠올려 보시기 바랍니다.

정답 원기둥 모양의 입체 도형이 네모이면서도 둥근 모양입니다!

- 입체 도형의 겨냥도, 평면도, 입면도를 정리해 둔 표를 보면서 사각형(직사각형)과 원을 모두 포함하고 있는 것을 찾아봅시다.

- 원기둥은 평면도가 둥근 모양이고, 입면도는 사각형(직사각형) 모양을 하고 있습니다!

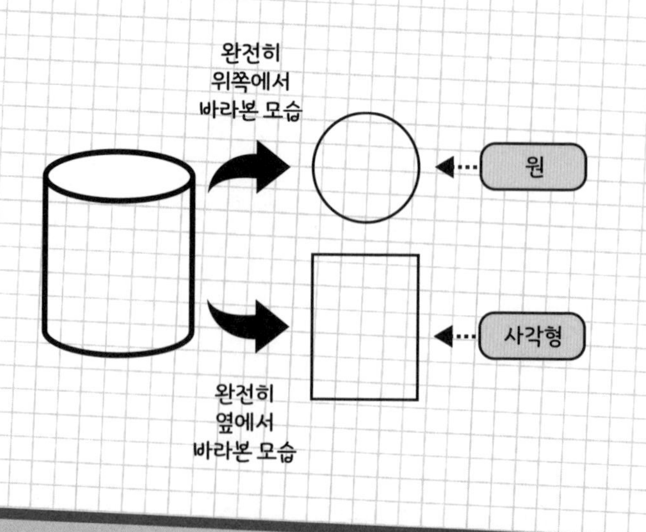

원기둥 모양의 가습기라면 '네모이면서도 둥근 모양'이라고 할 수 있겠습니다. 그런데 아버지와 어머니께서 원하는 형태와 정말 일치하는지는 실물을 보셔야 정확히 알 수 있겠네요.

둥글면서 삼각형 모양인 가습기를 찾고 있다면

가습기를 1대 더 사기로 했습니다. 이번에는 아들과 딸의 취향에 맞춰서 '둥글면서 삼각형인 모양'의 가습기를 찾아보아야 합니다. 앞의 경우와 마찬가지로 대표적인 입체 도형 표에서 '둥글면서도 삼각형인 모양'을 찾아보도록 합시다.

보는 방향에 따라 '원'으로도 볼 수 있고 '삼각형'으로도 볼 수 있는 입체 도형은 '원뿔' 형태입니다. 완전히 위에서 바라본 평면도에서는 원 모양으로, 옆에서 바라본 입면도에서는 삼각형으로 보입니다.

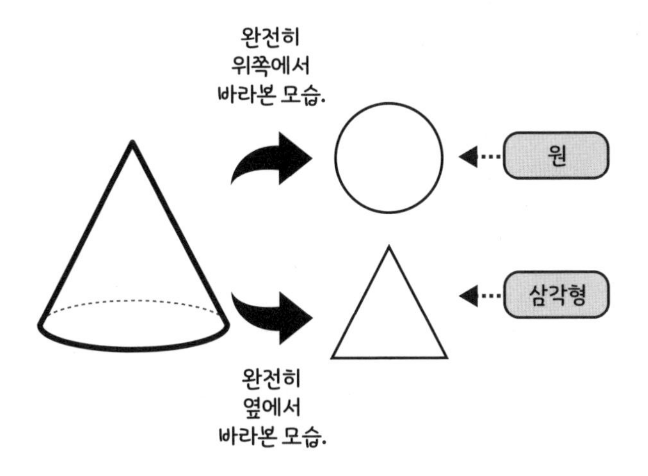

또한 원기둥, 삼각기둥, 사각기둥의 경우에는 완전히 옆에서 바라보면 항상 사각형으로 보이고, 원뿔, 삼각뿔, 사각뿔은 완전히 옆에서 바라보면 항상 삼각형으로 보인다는 것이 입체 도형의 재미있는 점이라고 할 수 있습니다.

온스는 몇 그램일까요?

익숙한 단위로 환산해 봅시다.

문제

몇 그램인지 계산해 봅시다.

가족이 함께 수입 식품과 잡화를 파는 가게에 들렀습니다. 아들은 물건들을 둘러보다가 수수께끼 같은 단위가 적혀 있어서 깜짝 놀랐습니다.

- 초콜릿 NET WT 6oz
- 하와이 커피 NET WT 7oz
- 잼 NET WT 8oz

'oz(ounce : 온스)'는 무게를 나타내는 단위인 것 같은데, 그럼 이 물건은 각각 몇 그램인 것일까요?

수입 식품점이나 수입 잡화점의 물건을 보면 내용 표시란에 한국에서 익숙하게 볼 수 없는 단위가 적혀 있는 경우가 있습니다. 미국에서는 무게를 표시하는 단위를 'oz'(ounce : 온스) 또는 'lb'(pound : 파운드)를 사용하기 때문입니다. 이러한 무게 단위를 한국에서 사용하는 'g'(그램), 'kg'(킬로그램)으로 바꾸면 어느 정도의 양이 될까요?

단위 환산이란

단위 환산이란 어떤 단위를 다른 단위로 바꾸는 것을 의미합니다. 단위를 바꾸려면 '1에 해당하는' 양을 기억해 둬야 합니다.

무게와 길이의 단위를 예로 들어 소개하면 다음 표와 같습니다.

무게	1oz (온스)	약 28.3g
	1lb (파운드)	약 0.45kg
길이	1in (인치)	2.54cm
	1ft (피트)	0.3048m
	1mile (마일)	약1,609m

위의 표에 따라 여기서는 1oz = 28.3g으로 하고, 각각의 무게를 계산해 보겠습니다. g 단위의 무게를 구하려면 28.3에 oz(온스)의 값을 곱해야 합니다.

정답 1oz = 28.3g으로 계산합시다.

- 초콜릿 6oz = 28.3 × 6 = 169.8g
- 하와이 커피 7oz = 28.3 × 7 = 198.1g
- 잼 8oz = 28.3 × 8 = 226.4g

7oz = 약 200g이라고 기억하시면 좋을 것 같습니다. 또한 'NET WT(Net weight)'는 '내용물의 무게'를 의미합니다. 내용물의 무게란 포장지나 박스 무게를 포함하지 않는 제품 자체의 무게를 의미합니다.

다이아몬드 목걸이가 들어 있는 복주머니를 어떻게 고를 수 있을까요?

당첨될 확률이 높은 복주머니를 선택하고 싶습니다!

문제

3개의 복주머니 중에서 당첨 복주머니는 오직 하나뿐입니다! 여러분이라면 어떻게 하시겠습니까?

오늘 쇼핑의 하이라이트는 좋아하는 액세서리 브랜드의 복주머니를 사는 것입니다. 복주머니는 A, B, C 3개가 준비되어 있고, A, B, C 중 하나에만 다이아몬드 목걸이가 당첨 선물로 들어 있습니다.

어머니께서는 복주머니 A를 선택하셨는데, 아직 고민하고 계십니다. 조금 전에 C를 선택하고 먼저 결제한 사람이 그 자리에서 복주머니를 열었을 때 다이아몬드 목걸이는 들어 있지 않았습니다. 이때 여러분이라면 A를 포기하고 B 복주머니로 바꾸시겠습니까? 아니면 바꾸지 않고 그대로 A를 선택하시겠습니까?

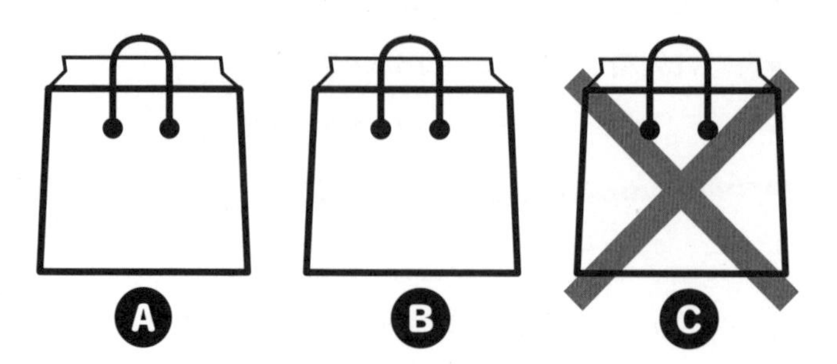

3개의 복주머니 중에서 어머니가 구매하기 전에 그중 하나가 이미 꽝이라는 것이 밝혀졌습니다. 남아 있는 건 어머니가 선택한 복주머니와 가게에 전시되어 있는 복주머니, 이 2개밖에 없으며 이 중 하나에 반드시 진짜 다이아몬드 목걸이가 들어 있습니다.

이 상황에서 여러분이라면 이미 선택한 A 복주머니를 B로 바꾸시겠습니까? 아니면 바꾸지 않고 그대로 A 복주머니를 가지고 계산대에 가서 결제하시겠습니까?

사실 이것은 아주 유명한 '몬티 홀 문제'입니다.

기본적으로 확률을 고려하는 법

이런 문제는 일반적으로 확률을 계산합니다. 누구나 당첨될 확률이 높은 것을 고르고 싶어 할 것입니다. **확률**이란 다음의 공식으로 구할 수 있습니다.

• 확률을 구하는 식 •

$$\text{확률} = \frac{\text{그 사건이 일어나는 경우의 수}}{\text{일어날 수 있는 모든 경우의 수}}$$

예를 들어, 주사위를 1번 던져서 나오는 값에 관한 모든 경우의 수는 1, 2, 3, 4, 5, 6 총 6가지입니다.

그러면 문제를 좀 더 상세하게 살펴보겠습니다. 남아 있는 2개의 복주머니 중 하나는 당첨 복주머니입니다. 이 경우, 당첨될 확률은 일부러 확률 공식을 생각할 필요도 없이 복주머니 선택을 변경하거나 혹은 변경하지 않더라도 모두 $\frac{1}{2}$로 같다고 생각하는 분이 많을 것 같습니다.

위의 내용을 확률 공식으로 나타내면 'C가 꽝이라는 것을 알았기 때문에 A에 다이아몬드 목걸이가 들어 있을 확률은 2가지(일어날 수 있는 모든 경우의 수) 중에서 1가지(=그 사건이 일어나는 경우의 수)를 선택하는 것이므로,

$$\frac{\text{그 사건이 일어나는 경우의 수}}{\text{일어날 수 있는 모든 경우의 수}} = \frac{1}{2}$$

이렇게 계산하실지도 모르겠습니다. 앞에서 살펴본 것과 같이 동일하므로, '역시 선택을 변경해도, 변경하지 않아도 당첨 확률은 똑같지.'라고 생각하게 되겠네요. 그렇다면 정말 당첨 확률이 똑같을까요?

몬티 홀 문제

아래의 그림을 한번 보시기 바랍니다. 이 문제는 사실 '처음에 고른 A의 상태가 어땠는가'가 핵심입니다.

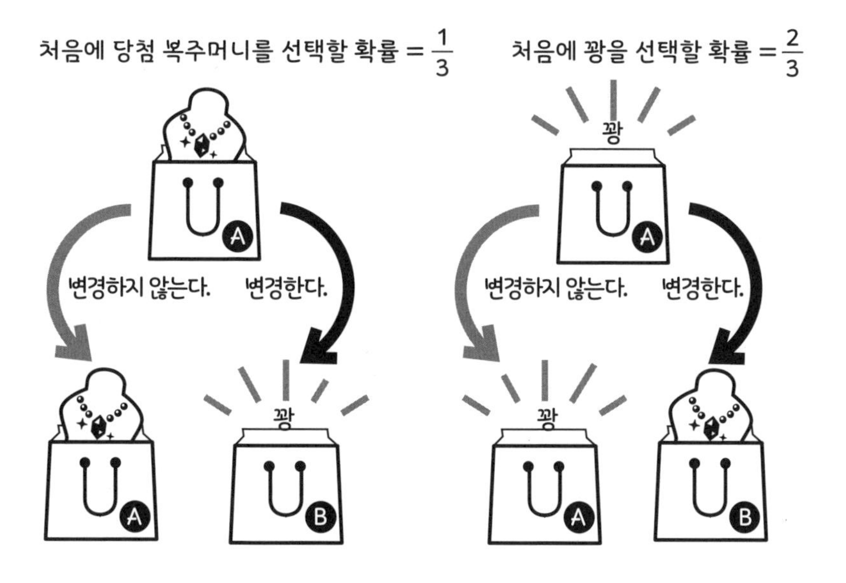

이 그림은 '처음에 다이아몬드가 들어 있는 복주머니를 선택했는지, 선택하지 않았는지'로 경우를 나눈 것입니다. 처음에는 복주머니가 3개 있었고, 당첨은 1개, 꽝이 2개였습니다. 따라서 다음의 내용을 잊어버려서는 안 됩니다.

처음에 당첨 복주머니를 선택할 확률 = $\frac{1}{3}$

처음에 꽝을 선택할 확률 = $\frac{2}{3}$

선택을 변경하지 않는 경우

이번에는 문제를 풀기 위해 복주머니 '선택을 변경하지 않는다.'는 경우를 생각해 봅시다.

처음에 고른 A 복주머니에 다이아몬드 목걸이가 들어 있는 경우, '선택을 변경하지 않는다.'면 결과적으로는 당첨 복주머니를 선택하는 것이 됩니다.

한편, 처음에 고른 A 복주머니에 다이아몬드 목걸이가 들어 있지 않다면 '변경하지 않는다.'를 선택했을 경우, 꽝인 복주머니를 그대로 뽑게 되는 것입니다.

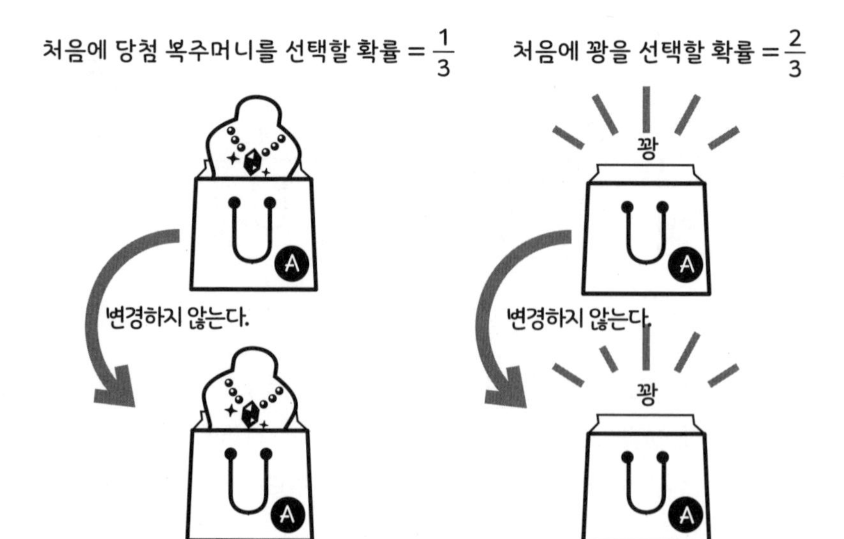

다시 말해, 처음에 고른 복주머니를 '변경하지 않는' 경우, 당첨을 뽑는 것은 '처음에 당첨을 뽑았을 때'에만 해당됩니다. 처음에 당첨을 뽑을 확률 $\frac{1}{3}$(복주머니 3개 중에서 1개를 뽑을 확률)과 같아지는 것입니다.

'변경한다.'를 선택한 경우

다음으로, 복주머니를 '변경한다.'를 선택할 경우를 생각해 봅시다.

처음에 고른 A 복주머니에 다이아몬드 목걸이가 들어 있다면, 다시 말해 처음에 당첨 복주머니를 선택했다면 '변경한다.'를 선택하였으므로 결과적으로는 꽝인 복주머니를 선택하게 됩니다.

한편, 처음에 고른 A 복주머니에 다이아몬드 목걸이가 들어 있지 않은 경우라면 '변경한다.'를 선택했기 때문에 결과적으로는 당첨 복주머니를 뽑게 됩니다.

처음에 당첨 복주머니를 선택할 확률 = $\frac{1}{3}$ **처음에 꽝을 선택할 확률 = $\frac{2}{3}$**

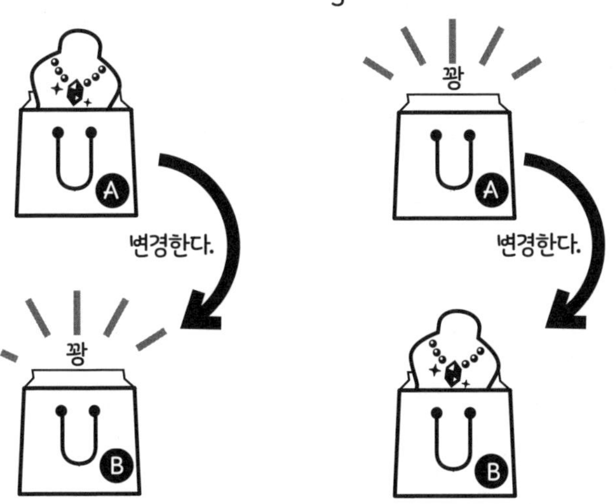

즉, 처음에 선택한 복주머니를 '변경하는' 경우, 결과적으로 당첨을 뽑는 것은 '처음에 꽝을 선택했을 경우'에만 해당됩니다. 그러므로 처음에 꽝을 뽑을 확률 $\frac{2}{3}$(복주머니 3개에서 꽝 2개를 선택할 확률)와 같아지는 것이지요.

정답 선택을 변경하는 편이 당첨될 확률이 높아집니다!

A, B, C 3개의 복주머니 중에서 당첨은 1개밖에 없고, A 복주머니를 선택한 후에 C가 꽝이라는 것을 알게 되었습니다. 이 때 B 복주머니로 바꾸는 것이 더 나은 선택일까요?

'변경하지 않는' 경우, 당첨 복주머니를 뽑을 확률 $= \frac{1}{3}$

'변경하는' 경우, 당첨 복주머니를 뽑을 확률 $= \frac{2}{3}$

B 복주머니로 변경하는 쪽이 확률이 더 높습니다!

이번에는 복주머니의 개수가 3개가 아니라 100개일 때의 상황을 생각해 보도록 합시다. 먼저 복주머니 100개 중에서 하나를 선택합니다. 남아 있는 99개의 복주머니 중에 98개가 꽝이라고 한다면 여러분은 먼저 선택한 복주머니를 남아 있는 것과 바꾸시겠습니까? 이 상황도 마찬가지로 선택을 변경하는 것이 당첨될 확률이 높아집니다. 앞의 상황과 같은 방법으로 생각해 보면, 선택을 변경하지 않을 경우 당첨을 뽑을 확률은 $\frac{1}{100}$이고, 선택을 변경할 경우 당첨을 뽑을 확률은 $\frac{99}{100}$입니다. 처음에 선택한 1개와 98개가 꽝이라는 것을 알게 되고 난 후에 딱 1개가 남은 상황이라면, 남은 1개를 선택하는 편이 당첨 확률이 더 높은 것처럼 느껴지는 것 같기도 합니다.

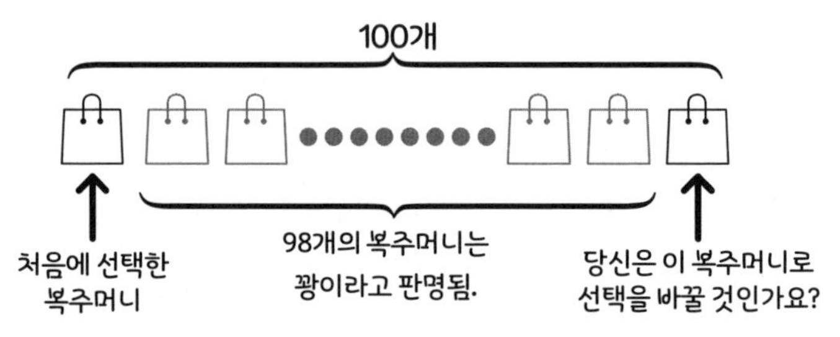

할인 판매 제품을 더 현명하게 구매하려면 어떻게 해야 할까요?

예산 범위 내에서 최대한 만족스럽게 구매하려면 어떻게 해야 할까요?

문제

할인 판매 중인 제품을 구매하려고 합니다. 예산 범위 내에서 가장 이익이 되는 방법으로 구매하려면 어떻게 해야 할까요?

좋아하는 패션 브랜드 숍에서 티셔츠를 할인 판매한다는 것을 알게 되었습니다. 이 가게에는 티셔츠가 2,500원짜리와 1,300원짜리 2종류만 있는데, 색상이나 치수는 다양하게 선택할 수 있습니다. SNS에서 할인 판매 제품의 가격을 확인해 보니 이번 특가 세일에서 2,500원짜리 티셔츠는 500원 할인하여 2,000원에 1,300원짜리는 300원 할인하여 1,000원에 구매할 수 있다고 합니다.

티셔츠는 언제든지 편하게 입을 수 있는 옷이므로 여러 장 가지고 있어도 활용도가 높습니다. 그렇지만 지갑 사정과 한정적인 옷장의 공간을 고려해서 예산과 티셔츠 장수에 한계를 정해 두고 구매하려 합니다. 이때 어떻게 구매하는 것이 가장 이익이면서 만족도가 높을까요?

- 예산은 10,000원까지 사용한다.
- 옷장 공간이 협소하기에 티셔츠는 최대 8장까지만 구매한다.

계산을 가능한 단순하게 하도록 이 문제에서는 가격이 같다면 어느 것을 사든지 간에 만족도나 행복도가 동일하다고 가정하고, 할인 금액이 클수록 만족도와 행복도가 상승한다고 가정하겠습니다.

이 문제는 조금 풀기 어려울 수 있습니다. 조건에 관한 부등식을 만들고, 부등식의 영역 문제라고 생각하고 풀어야 하는데, 영역 중에서 만족도(할인 금액)를 가장 높일 수 있는 조합을 찾으면 답을 얻을 수 있을 것입니다.

먼저, 답을 보여 드리겠습니다. 500원 할인을 받아 2,000원(정가 2,500원)이 된 티셔츠를 x장, 300원을 할인 받아 1,000원(정가 1,300원)이 된 티셔츠를 y장으로 하였습니다.

아래 그래프와 같은 3개의 직선과 부등식 영역을 통해서 2,000원짜리 티셔츠를 2장, 1,000원짜리 티셔츠를 6장 구매하면 만족도가 가장 높은 것을 확인할 수 있습니다. 이때의 총 할인 금액은 2,800원입니다. 그래프의 ④ ⑤ ⑥ 직선에 관해서는 나중에 설명하겠습니다.

정답 직선을 그린 뒤 부등식의 영역에서 생각해 봅시다!

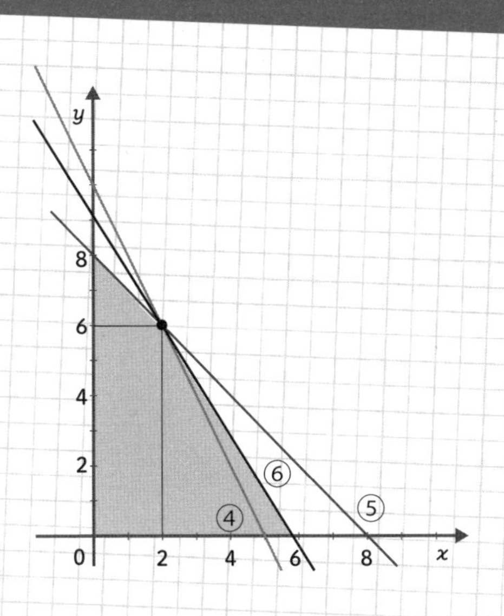

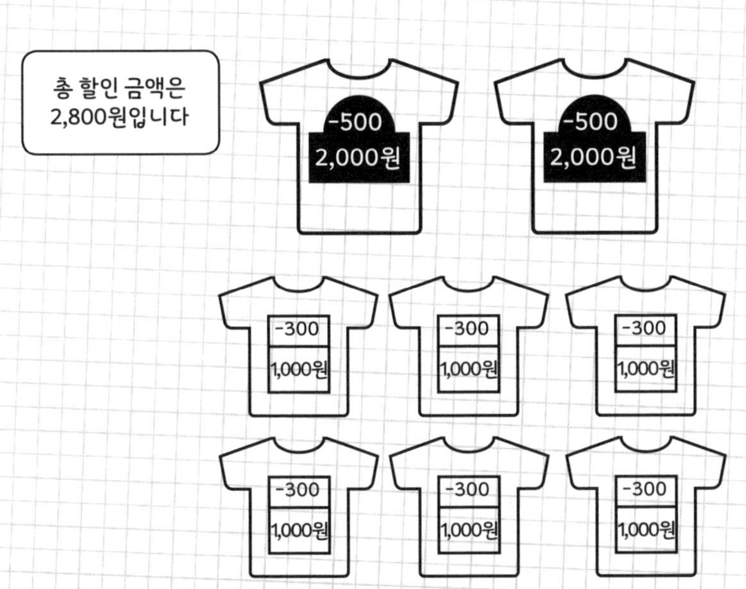

부등식이 표현하는 영역

직선 $y = ax+b$를 썼을 때, **부등식이 나타내는 영역**은 다음과 같습니다. a가 음수인지 양수인지에 주의하면서 살펴보도록 합시다.

• a가 양수일 경우

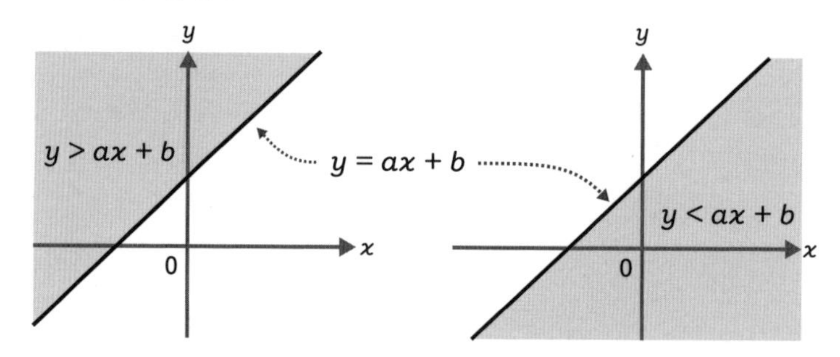

• a가 음수일 경우

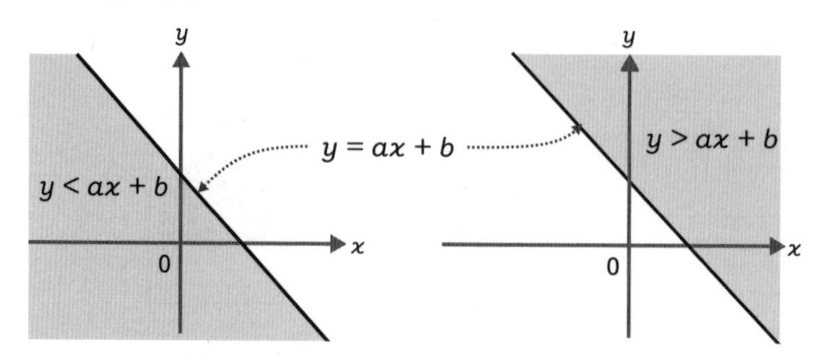

부등식 영역 문제에서는 먼저 직선을 그려 보고, 부등호의 방향을 통해 이 부등식이 나타내는 영역이 직선보다 위쪽인지, 아래쪽인지를 판단합니다. 좌변의 y와 우변의 $ax+b$를 다음과 같이 기억하면 좋을 것입니다.

- y가 클 때: $y \geqq ax+b$ 라면 직선(을 포함하는)의 위쪽
- y가 작을 때: $y \leqq ax+b$ 라면 직선(을 포함하는)의 아래쪽

조건에 맞는 부등식을 세워 봅시다.

먼저 '예산은 10,000원까지'이고, '티셔츠는 8장까지 살 수 있다.'는 2가지 조건을 부등식으로 나타내 봅시다.

할인해서 2,000원인 티셔츠를 x장, 1,000원인 티셔츠를 y장 산다고 했을 때, 예산이 10,000원 이내이므로 다음의 식이 성립합니다.

$$2000x+1000y \leqq 10000 \cdots\cdots\cdots\cdots ①$$

다음으로 '티셔츠는 8장까지 살 수 있다.'는 조건을 식으로 나타내면 다음과 같습니다.

$$x+y \leqq 8 \cdots\cdots\cdots\cdots\cdots\cdots\cdots\cdots\cdots\cdots ②$$

여기서 잊지 말아야 할 것은 티셔츠의 장수를 의미하는 x와 y는 0 이상의 정수여야 한다는 점입니다.

만족도에 관한 식을 세워 봅시다.

이번에는 할인 금액의 합계에 관해 생각해 봅시다. 티셔츠 1장당의 할인 금액은,

x : 2,500원 → 2,000원: 1장당 할인 금액은 500원
y : 1,300원 → 1,000원 : 1장당 할인 금액은 300원

여기에서 할인 금액의 총합계를 z원이라고 하면, z는 다음 식으로 나타낼 수 있습니다.

$z = 500x + 300y \cdots ③$

z가 최대가 될 때의 x와 y의 조합이 이 문제의 답이 됩니다.

문제의 부등식이 나타내는 영역을 생각해 봅시다.

식 ①, ②를 연립 부등식으로 풀어 봅시다.

$$\begin{cases} 2000x + 1000y \leqq 10000 \cdots\cdots ① \\ x + y \leqq 8 \cdots\cdots\cdots\cdots ② \end{cases}$$

이 부등식이 나타내는 영역을 생각해 봅시다. 식 ①의 양변을 1,000으로 나눈 뒤,

$2x + y \leqq 10$ 에서
$y \leqq -2x + 10 \cdots\cdots ④$

식 ②를 y에 관해 정리하면,
$y \leqq -x + 8 \cdots\cdots ⑤$

식 ④, ⑤의 부등식이 나타내는 영역은 다음의 그림에서 회색으로 표시한 부분입니다. x와 y는 0 이상의 정수라는 것을 기억해야 합니다.

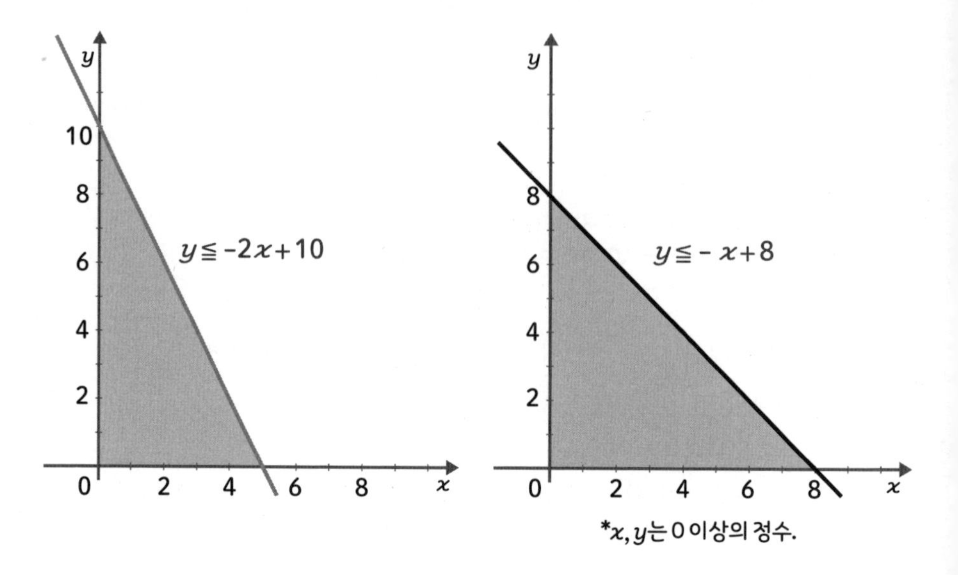

이 두 그림 모두를 만족시키는 영역은 다음 그림에서 회색으로 표시한 부분입니다.

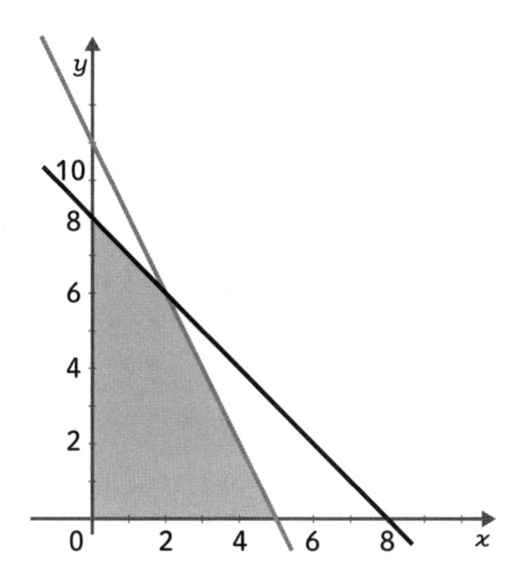

다음으로 가장 큰 값을 구하려고 하는 식 ③을 y에 관해서 정리하면,

$$y = -\frac{5}{3}x + \frac{z}{300} \cdots\cdots\cdots\cdots ⑥$$

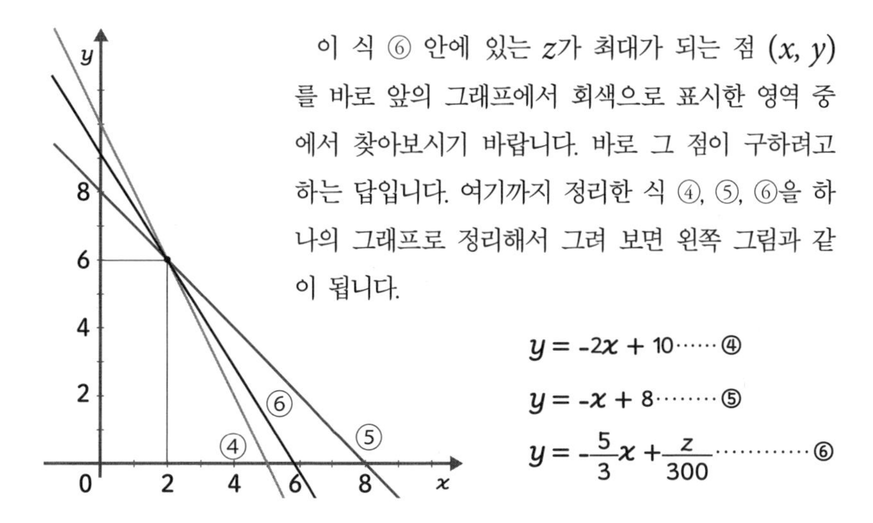

이 식 ⑥ 안에 있는 z가 최대가 되는 점 (x, y)를 바로 앞의 그래프에서 회색으로 표시한 영역 중에서 찾아보시기 바랍니다. 바로 그 점이 구하려고 하는 답입니다. 여기까지 정리한 식 ④, ⑤, ⑥을 하나의 그래프로 정리해서 그려 보면 왼쪽 그림과 같이 됩니다.

$$y = -2x + 10 \cdots\cdots ④$$

$$y = -x + 8 \cdots\cdots\cdots ⑤$$

$$y = -\frac{5}{3}x + \frac{z}{300} \cdots\cdots\cdots\cdots ⑥$$

구하려고 하는 점은 식 ④, ⑤의 교점입니다. 어떻게 그렇게 되는지는 나중에 간단히 설명하겠습니다.

식 ④, ⑤의 교점은 다음의 연립 방정식을 풀면 구할 수 있습니다.

$$\begin{cases} y = -2x + 10 \cdots\cdots ④ \\ y = -x + 8 \cdots\cdots\cdots ⑤ \end{cases}$$

식 ④, ⑤ 모두 $y =$ 에서 시작했기 때문에,

$$\begin{aligned} -2x + 10 &= -x + 8 \\ -2x + x &= 8 - 10 \\ -x &= -2 \\ x &= 2 \end{aligned}$$

$x = 2$를 식 ④에 대입해서 y를 구하면,

$$y = -2 \times 2 + 10 = -4 + 10 = 6$$

따라서 $x = 2$, $y = 6$입니다. 이때 할인 금액은 최대가 되므로 이것을 식 ③에 대입하면,

$$z = 500x + 300y = 500 \times 2 + 300 \times 6 = 2,800$$ **2,800원**

이라는 것을 알 수 있습니다. 예산과 사려고 하는 티셔츠 수의 상한치 조건 내에서 할인 금액을 최대로 만들기 위해서는 2,000원짜리 티셔츠를 2장, 1,000원짜리 티셔츠를 6장 구매하면 됩니다. 그리고 이때의 할인 금액 합계는 2,800원입니다.

영역과 최대값에 대해서

식 ④, ⑤를 모두 만족하는 영역은 아래의 그림에서 회색으로 표시한 부분입니다. 이 영역 내에서

$$y = -\frac{5}{3}x + \frac{z}{300} \cdots\cdots\cdots\cdots ⑥$$

로 나타낸 식 ⑥의 직선 그래프를 움직여 봅시다. 식 ⑥은 기울기가 $-\frac{5}{3}$로 일정하며, 절편이 $\frac{z}{300}$의 직선인 그래프인데, z가 취하는 값에 따라 이 직선이 상하로 이동합니다.

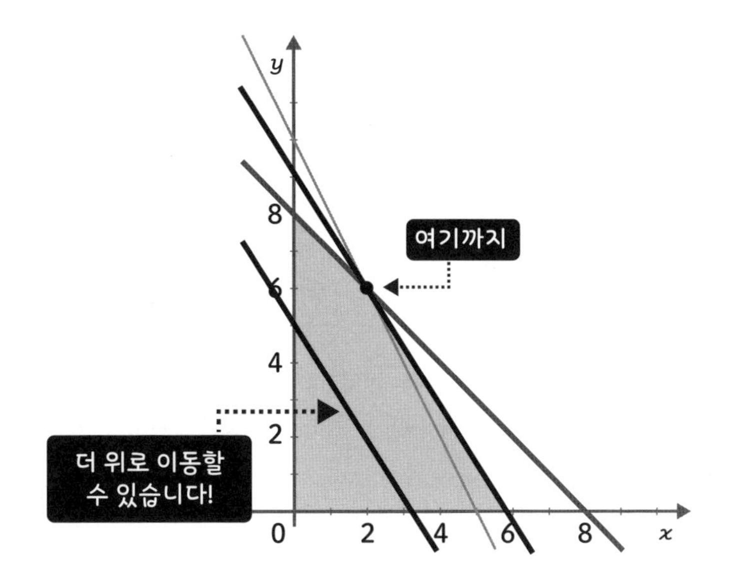

위의 그림에서 회색으로 표시한 영역과 식 ⑥의 직선이 교차하며, z의 값이 최대가 되는(= 절편이 최대가 되는) 것은 식 ⑥이 식 ④, ⑤의 교점을 통과할 때라는 것을 알 수 있습니다.

신용카드를 안전하게 사용하는 방법은 무엇일까요?

해킹 당할 위험이 적은 비밀번호를 설정하는 방법을 알아봅시다.

문제

도합 몇 가지 비밀번호를 만들 수 있을까요?

자주 가는 쇼핑센터에서 신용카드를 발급하면 여러 가지 혜택을 준다고 해서 이번 기회에 신용카드를 발급하기로 했습니다. 그런데 비밀번호를 어떻게 설정해야 할지 고민이 됩니다.

- 0123456789의 10개 숫자
- abcd……xyz의 26개 알파벳

도합 36개의 문자를 사용해 8자리의 비밀번호를 설정하고 등록해야 합니다. 대문자와 소문자를 구별하지 않는다고 할 경우, 도합 몇 가지나 되는 비밀번호를 만들 수 있을까요?

비밀번호를 등록하거나 입력하는 것이 이제는 아주 일상적인 일이 되었습니다. 특히 인터넷상에서는 더욱 그러합니다. 어떤 비밀번호를 만들지 여러분께서도 고민하신 적이 있을 것입니다. 누구나 비밀번호가 악용되지 않도록 최대한 강력한 번호를 설정하고 싶을 것입니다. 그러면 숫자와 알파벳을 조합할 경우, 총 몇 가지의 비밀번호를 만들 수 있을까요?

중복 순열이란

이 문제는 **중복 순열** 문제입니다. 중복 순열이란 같은 것을 반복해서 사용하면서 나열해도 된다는 규칙에서 만들어진 순열입니다. 순열에 대해서 더 알아보고 싶다면 책 끝부분 부록의 '09 경우의 수, 순열, 조합'을 참조하기 바랍니다.

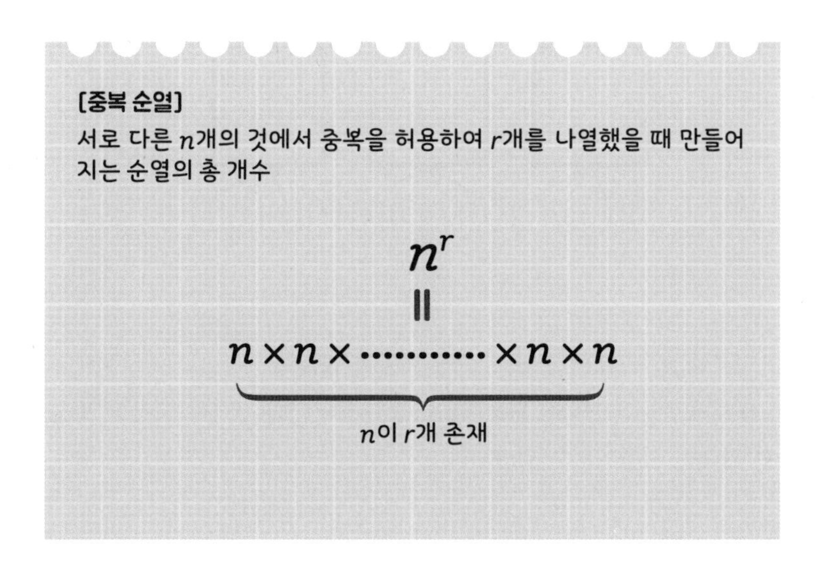

서로 다른 n개 중 순서를 고려하여 나열하는 것을 순열이라 합니다. 순열에서는 한 번 고른 것은 다시 고를 수 없는 것이 원칙입니다. 그러나 특별히 중복을 허용하여 n개 중에서 r개를 순서 있게 나열하는 것을 중복 순열이라 합니다. r개를 선택하는 경우, 최초에 n개를 선택할 수 있고 이후에도 계속 n개를 선택할 수 있기 때문에 이 순열의 개수는 n임을 알 수 있습니다.

예를 들어 숫자 1, 2, 3, 4를 가지고 만들 수 있는 3자리 숫자의 총 개수를 생각해 봅시다.

여기서는 각각의 자리에 같은 수를 사용해도 된다고 합시다. 다음 그림을 가지고 생각해 보면, 첫 번째 □에 들어갈 수 있는 수는 4가지이며, 두 번째 □에 들어갈 수 있는 수도 4가지, 세 번째 □에 들어갈 수 있는 수도 4가지입니다.

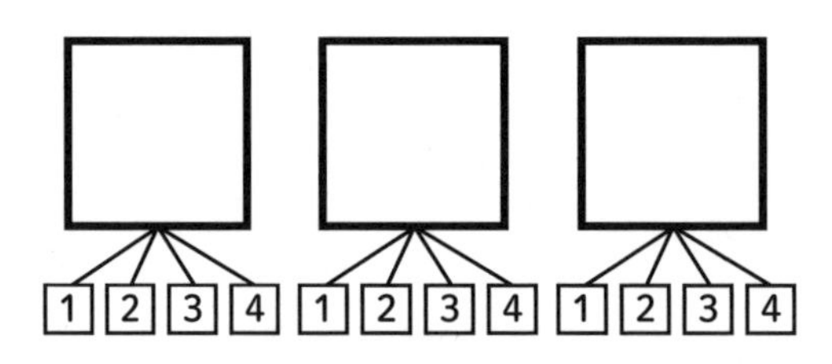

이것을 n^r의 중복 순열 공식에 대입해 봅시다.

$n = 4$, $r = 3$이므로, 다음 식을 통해 64가지의 3자리 숫자를 만들 수 있다는 것을 알 수 있습니다.

$$n^r = 4^3 = 4 \times 4 \times 4 = 64$$

이와 같은 방법으로, 문제에 제시된 8자리의 비밀번호에 관해서도 생각해 봅시다.

Sin = -xy^2
fg = 2x^2 + 1

정답 2,821,109,907,456가지의 비밀번호를 만들 수 있습니다!

첫 번째 □에 들어갈 수 있는 숫자와 알파벳의 수 : 36개
두 번째 □에 들어갈 수 있는 숫자와 알파벳의 수 : 36개

⌇

여덟 번째 □에 들어갈 수 있는 숫자와 알파벳의 수 : 36개

□는 전부 8개이므로 중복 순열의 공식에

n = 36, r = 8를 대입해서

$n^r = 36^8 =$ **2 821 109 907 456**

약 2조 8,200억 가지의 비밀번호를 만들 수 있습니다!

약 2조 8,200억 가지 비밀번호를 만들 수 있다는 것을 확인할 수 있었습니다. 이번에는 알파벳 대문자와 소문자를 구별하지 않는다고 가정했는데 만약 알파벳 대문자와 소문자를 구별한다면, 만들 수 있는 비밀번호는 더욱 증가하여 약 218조 가지 비밀번호를 만들 수 있습니다.

해킹 당하기 쉬운 비밀번호와 해킹 당하기 어려운 비밀번호

그런데 해킹 당하기 쉬운 비밀번호와 해킹 당하기 어려운 비밀번호가 있다고 합니다. 비밀번호를 설정할 때 어떻게 하면 좋은지 아래 설명해 두었으니 참고하시기 바랍니다.

- 연속된 숫자나 알파벳은 사용하지 않는다. : 123, abc 등
- 같은 숫자나 알파벳을 연속해서 사용하지 않는다. : 999, aaa 등
- 키보드 근처에 있는 알파벳을 연속해서 사용하지 않는다. : asdf 등
- 이름, 생일, 전화번호 등 추측하기 쉬운 것을 사용하지 않는다.
- 누구나 알고 있는 단어나 약자를 사용하지 않는다. : sos 등
- 숫자와 알파벳을 조합한다.
- (제한된 자릿수 내에서) 비밀번호를 가능한 길게 만든다.
- 비밀번호는 기록해 두지 않아야 하며, 메일로 보내지 않아야 한다.

위의 주의 사항을 적용하면서 만들 수 있는 비밀번호에는 어떤 것이 있을지 비밀번호 생성 사이트 등을 참고해 보시기 바랍니다.

여기서 소개한 방법 외에도 간단한 문장을 만들어 비밀번호로 사용하는 방법도 있습니다. 예를 들어, 로마자로 문장을 만든 후에 적당한 길이로 문장을 나누고 그 첫 글자를 나열하는 방법도 있습니다.

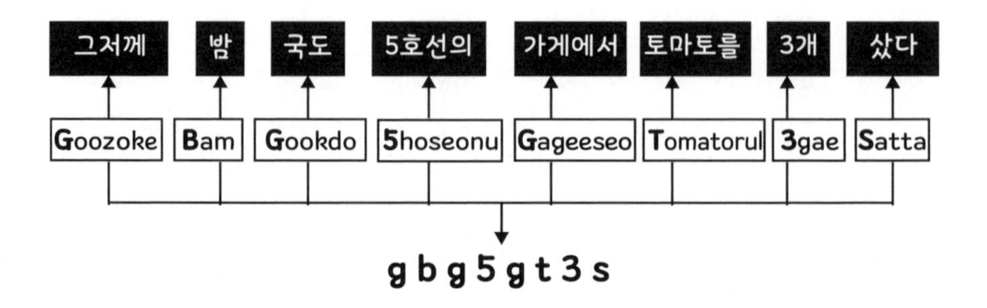

로또 당첨 확률을 나타내는 숫자의 근거는 무엇일까요?

숫자를 선택하는 방법은 몇 가지일까요?

문제

로또 1등 숫자 조합은 몇 종류일까요?

복권 판매장에 왔습니다. 로또 1등(신청 숫자가 본 숫자 6개와 모두 일치)에 당첨될 확률은 1/6,096,454입니다.
분모의 숫자는 선택하는 수의 조합이 몇 가지인지를 나타냅니다. 6,096,454라는 숫자는 어떻게 계산해서 나온 숫자일까요?

사람들을 보면 복권을 사는 사람과 복권을 사지 않는 사람 두 부류로 나뉜다고 하는데요, 복권을 사지 않는 사람이라 하더라도 한 번쯤 '당첨될 확률은 대체 어느 정도인 걸까?'라고 궁금해 한 적은 있을 것입니다. 확률이 높을 경우 당첨되기가 쉽겠지만, 그렇게 되면 당연히 금액이 줄어들겠지요. 개중에는 확률은 신경 쓰지 않고 '꿈을 구매하는 것이다!'라며 기세 좋게 구매하는 분도 계실 수 있겠지만요.

숫자를 가지고 당첨 여부를 결정하는 로또 같은 복권은 조합을 사용해서 당첨 확률을 계산할 수 있습니다. 이 확률을 알고 있다고 해서 복권에 당첨될 확률이 높아지는 것은 아니겠지만, 지식적인 측면에서 알아 두면 나쁠 것은 없으리라 생각합니다.

조합이란

조합이란 서로 다른 n개에서 r개를 선택하는 것을 말하며, 그 수를 nCr로 나타냅니다. C는 조합을 의미하는 Combination의 첫 글자입니다.

• 조합 •

$${}_nC_r = \frac{{}_nP_r}{r!} = \frac{n!}{r!\,(n-r)!}$$

이 식에서 nPr은 순열, $r!$은 x의 계승이며, 조합을 계산할 때는 이 2가지를 사용합니다. 조합과 순열의 기초는 책 뒷부분 부록의 '09 경우의 수, 순열, 조합'을 참조해 보시기 바랍니다. 그러면 로또 당첨 확률을 살펴보기 전에, 간단한 계산 문제를 풀어 봅시다.

① 서로 다른 5개 중에서 2개를 선택하는 조합은?

$${}_5C_2 = \frac{{}_5P_2}{2!} = \frac{5\times4}{2\times1} = 10$$ 10가지

② 서로 다른 10개 중에서 4개를 선택하는 조합은?

$${}_{10}C_4 = \frac{{}_{10}P_4}{4!} = \frac{10\times9\times8\times7}{4\times3\times2\times1} = 210$$ 210가지

그러면, 이 조합의 계산 결과를 확인해 봅시다. ①과 관련해서 '숫자 1, 2, 3, 4, 5 가 적힌 5장의 카드에서 2장을 선택할 때의 조합은?'이라는 문제를 생각해 봅시다. 이것을 모두 나열해 보면 다음 그림과 같이 됩니다.

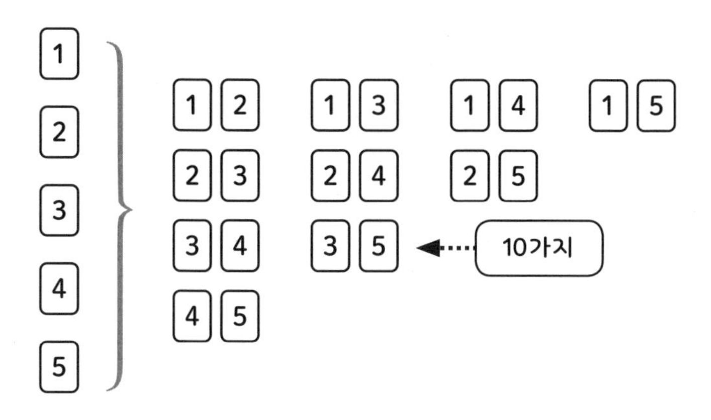

공식을 사용해서 계산한 ①과 마찬가지로 10가지의 조합이 만들어진다는 것을 알 수 있습니다. 이처럼 숫자가 작을 때는 공식을 사용하지 않고 조합을 모두 적어서 나열해 보는 것도 좋겠습니다.

그런데, 로또는 1~45까지의 숫자 가운데서 서로 다른 6개의 숫자를 선택하는 것이므로 모든 조합을 일일이 다 적을 수는 없을 것입니다. 그러므로 지금부터는 공식을 사용해서 계산해 보겠습니다.

$\sin = -xy^2$
$fg = 2x^2 + 1$
$a+h+d=$

정답 로또 6은 45개 중에서 6개의 숫자를 선택하는 조합의 수입니다.

• 1~45의 숫자 중에서 서로 다른 6개의 숫자를 선택합니다.

$$ {}_{45}C_6 = \frac{{}_{45}P_6}{6!} = \frac{45 \times 44 \times 43 \times 42 \times 41 \times 40}{6 \times 5 \times 4 \times 3 \times 2 \times 1} = 8,145,060 $$

약 800만 가지가 됩니다!

약 800만 가지라니 로또에 당첨되기란 대단히 어려울 것 같습니다. 여기서 잠깐, 로또 2등(5개의 숫자 일치+보너스 숫자 일치)에 당첨될 확률 또한 궁금해집니다. 이는 1부터 45까지의 숫자 중 6개의 숫자를 선택할 경우의 수 중에서, 당첨 번호 5개는 선택한 6개의 숫자에 포함되고, 나머지 1개의 당첨 번호는 선택되지 않은 숫자 39개에 포함되어야 합니다.

즉, (선택한 6개 숫자 중 당첨 번호 5개를 선택할 경우의 수) × (선택되지 않은 39개의 숫자 중 당첨 번호 1개를 선택할 경우의 수)

$$ = \frac{{}_{6}C_5 \times {}_{39}C_1}{{}_{45}C_6} = \frac{1}{34,808} $$

45개의 숫자 중 6개의 숫자를 선택할 경우의 수

이 확률에다 당첨 번호 6개를 제외한 나머지 수 39개 중에서 1개의 보너스 숫자에 당첨될 확률을 곱하면 됩니다. 즉,

$$ = \frac{1}{34,808} \times \frac{1}{39} = \frac{1}{1,357,512} $$

약 136만 가지가 됩니다!

로또 복권의 숫자를 선택하는 방법에는 무엇이 있을까요?

복권을 통해 난수의 개념을 알아봅시다.

문제

단서가 되는 숫자를 고르는 방법은 무엇일까요?

로또는 '숫자 선택식 복권'이라고도 불리는데, 말 그대로 숫자를 선택해서 구입하는 것입니다. 오늘은 로또를 한번 사 보려고 합니다. 제발 당첨되었으면 좋겠다고 간절히 바라면서 선택하는 것 말고, 숫자를 좀 더 잘 고를 수 있는 방법은 없을까요? 단서가 하나도 없으면 곤란할 수 있으므로, 여기서는 난수(random number)를 사용해서 선택해 보겠습니다.

로또는 1~45까지의 45개 숫자 가운데서 서로 다른 6개의 숫자를 선택하는 '숫자 선택식 복권'입니다. 가격은 한 번에 5,000원이며 당첨 조건에 따라 1등부터 5등까지 있습니다.

1등 당첨 조건은 로또 홈페이지에 따르면 '신청 숫자가 본 숫자 6개와 모두 일치'해야 한다고 되어 있는데, 간단하게 말하면 '6개의 숫자가 모두 일치'하는 것이 조건입니다.

여러분이라면 1~45까지의 숫자 가운데서 어떤 방법으로 숫자를 선택하시겠습니까? 생일이나 전화번호를 가지고 선택하는 분도 많은 것 같은데, 생일은 31까지의 숫자밖에 사용할 수 없고 전화번호를 가지고는 '46' 이상의 숫자를 선택할 수가 없습니다.

그러므로 여기서는 난수라는 특수한 숫자의 나열을 사용하도록 하겠습니다.

난수란

난수란 어떤 일정한 범위에 있는 숫자가 무질서하게, 규칙성 없이 나열되어 있는 수열을 의미합니다.

통상적으로는 0~9까지의 숫자가 나열되어 있는 것을 가리키지만, 0과 1만 사용한 이진 난수도 존재합니다. 이러한 난수를 나열한 것이 **난수표**입니다.

인터넷에서 '난수 만들기' '난수 생성'을 검색하면 자동으로 난수를 만들어 주는 페이지를 찾을 수 있습니다. 여기서는 난수 생성 페이지를 활용해 보도록 하겠습니다.

다음 표는 2자리 숫자의 난수표 예시입니다.

<난수 예시>

38	46	50	98	07	39	22	16	94	97	72	81	19	63	02	83	20	14	45	74
32	06	93	23	86	84	42	52	69	71	48	13	79	09	18	80	03	34	82	37
96	05	61	26	53	15	90	08	99	66	33	64	92	47	88	31	10	95	58	91
12	65	76	78	10	40	25	11	55	54	70	36	68	44	75	00	57	04	41	89
56	62	35	21	60	67	49	27	73	30	87	51	43	28	24	01	77	59	17	29

* '난수 생성 페이지' (https://www.rapidtables.org/ko/calc/math/random-number-generator.html)에서 출력한 것입니다. 단, 1자리 숫자의 경우 보기 쉽게 '3 → 03'으로 변환하였습니다.

난수표를 사용한 숫자 선정 방법 예시

그러면 이 난수표를 어떻게 활용하면 좋을까요?

우선, 앞서 살펴본 난수표의 첫째 줄을 발췌해 보겠습니다.

38	46	50	98	07	39	22	16	94	97	72	81	19	63	02	83	20	14	45	74

로또에서 사용할 수 있는 수는 1~45까지의 숫자입니다. 그러므로 여기서 1~45의 범위 내에 있는 숫자를 선택해 왼쪽에 있는 것부터 6 개를 나열하면,

38	07	39	22	16	19

가 되며, 이 숫자를 사용해서 로또를 사 보면 어떨까요?

첫째 줄이 아니라 둘째 줄을 사용해 보려면,

32	06	93	23	86	84	42	52	69	71	48	13	79	09	18	80	03	34	82	37

이 되며, 여기서 1~45의 범위 내에 있는 숫자를 왼쪽에 있는 것부터 순서대로 6개를 나열하면,

32	06	23	42	13	09

가 됩니다. 여기서는 순서대로, 다시 말해 왼쪽에 있는 숫자부터 순서대로 선택했는데 그것과는 반대로 오른쪽에서 왼쪽으로 선택하는 방법도 생각해 볼 수 있습니다.

그 경우라면 첫 번째 줄에서는 '14 20 02 19 16 22'를 선택하게 될 것이고, 두 번째 줄이라면 '37 34 03 18 09 13'이 됩니다.

숫자 선택 방법에 따라 당첨 확률이 올라갈까요?

바로 숫자를 선택하기 어려울 때는 난수표를 사용해서 무작위로 나열된 숫자 중에 선택하는 것이 어떤지 제안했습니다.

로또와 같이 숫자를 선택하는 복권의 경우, 각각의 숫자가 나올 확률이 거의 비슷합니다. 매번 같은 숫자를 계속 구매한다 하더라도 추첨할 때마다 당첨 숫자가 결정되기 때문에 당첨될 확률은 변하지 않습니다.

어제 구매한 것과 동일한 숫자를 오늘 또 구매하면 오늘 당첨될 확률이 더 올라갈 것인지를 묻는다면, 답은 '아니오'입니다. 적당히 감만으로 선택한 숫자든, 1, 2, 3, 4, 5, 6처럼 연속된 숫자의 나열이든 당첨될 확률은 같습니다.

이것을 이해했다 하더라도 '적당히' 고르는 것이 의외로 어려운 것 같습니다. 사람들은 대부분 어떠한 규칙 속에서 생활하기 때문에, 규칙성이 없는 숫자를 고른다는 것이 어려운 것일지도 모르겠습니다.

그러므로 일부러 규칙성이 없는 '난수'에 의지해 보는 것도 한 가지 방법이 아닐까요.

깜짝 현금 추첨 이벤트에 당신은 참여하시겠습니까?

참가비를 지불하고 추첨에 참가하면 현금에 당첨될 확률이 있을까요?

문제

100원을 지불하고 추첨에 참가할지, 하지 않을지의 판단 기준은 무엇일까요?

> 쇼핑센터 광장에서 '깜짝 현금 추첨 이벤트!'가 열렸습니다. 참가비는 1회에 100원이라고 합니다. 총 100개의 추첨 용지가 있는데 1등 1,000원 짜리가 5개, 2등 500원짜리가 15개, 3등 100원짜리가 30개 있고, 나머지 50개는 꽝이라고 합니다.
> 여러분이라면 참가비를 지불하고 추첨 이벤트에 참여하시겠습니까? 꽝을 뽑는 경우에는 당연히 아무것도 받을 수 없습니다.

참가비를 지불하고 현금을 받을 수 있는 추첨 이벤트에 참여할 것인지를 결정하는 문제입니다.

이런 경우에는 기대치라는 것을 활용해서 기대치≧참가 비용이라면 참여하고, 기대치<참가 비용인 경우라면 참여하지 않겠다고 결정할 수 있습니다.

기대치란

어떤 것을 실행한 결과 취할 수 있는 값이 x_1, x_2, x_3 …… x_n이고, 각각의 값을 취할 수 있는 확률이 p_1, p_2, p_3 …… p_n일 때, 다음의 식을 통해 **기대치**를 구할 수 있습니다.

$$\text{기대치} = x_1p_1 + x_2p_2 + x_3p_3 + \cdots\cdots + x_np_n$$

간단한 예를 들어 보겠습니다. 주사위를 1번 던져서 나오는 눈에 대한 기대치가 얼마일지 계산해 봅시다.

주사위 눈은 1~6까지의 숫자가 있으며, 주사위를 1번 던져서 1이 나올 확률은 $\frac{1}{6}$입니다. 마찬가지로 2가 나올 확률도 $\frac{1}{6}$, 3이 나올 확률도 $\frac{1}{6}$, 4가 나올 확률도 $\frac{1}{6}$, 5가 나올 확률도 $\frac{1}{6}$, 6이 나올 확률도 $\frac{1}{6}$입니다.

따라서 주사위를 1번 던져서 나오는 눈의 기대치는 다음의 계산식을 통해 3.5라는 것을 알 수 있습니다.

$$1 \times \frac{1}{6} + 2 \times \frac{1}{6} + 3 \times \frac{1}{6} + 4 \times \frac{1}{6} + 5 \times \frac{1}{6} + 6 \times \frac{1}{6} = \frac{21}{6} = 3.5$$

이 문제를 풀 때는 1등부터 꽝까지를 포함한 확률을 구합니다.

100개 중에서 1등인 1,000원짜리는 5개 있으므로, 1등에 당첨될 확률은 5/100가 되며, 마찬가지로 2~꽝까지를 구하면 다음의 표와 같습니다.

	1등	2등	3등	꽝
금액	1,000원	500원	100원	0원
확률	5/100	15/100	30/100	50/100

정답 참가비 100원이 이득일지 손해일지는 기대치를 통해 살펴봅시다!

이 현금 추첨 이벤트의 기대치는

$$\text{기대치} = 1000 \times \frac{5}{100} + 500 \times \frac{15}{100} + 100 \times \frac{30}{100} + 0 \times \frac{50}{100}$$

$$= 50 + 75 + 30 = 155$$

참가비 100원보다
기대치가 더 높습니다!

기대치 155원은 참가비 100원보다 높으므로 이 추첨 이벤트는 100원을 지불하고 참가할 가치가 있다고 할 수 있습니다.

14

대기 행렬

대기 시간은 얼마나 걸릴까요?

계산대에 줄을 서는 손님과, 계산을 하고 나가는 손님.

문제

계산대에 줄을 서고 나서 계산이 끝날 때까지 시간이 얼마나 걸릴까요?

가족이 함께 슈퍼마켓에 물건을 사러 갔는데, 계산대에서 계산을 기다리는 손님이 꽤 있었습니다. 시간을 한 번 측정해 보았더니 평균적으로 계산대에 줄을 서는 사람이 30초에 1명씩 증가하고, 계산을 마치고 계산대를 통과하는 사람은 20초에 1명이었습니다.
이때, 직접 계산대에 줄을 서면 계산이 끝날 때까지 시간이 얼마나 걸릴까요? 단, 이 경우 계산대는 한 곳만 있다고 가정합시다.

계산대가 아주 혼잡할 경우, 줄을 서고 나서 계산이 끝날 때까지 얼마나 기다려야 할지 신경이 쓰일 때가 있습니다.

사실 이것을 미리 계산해 볼 수 있는 방법이 있는데, 바로 **대기 행렬**을 사용하는 것입니다. 여기서는 몇 가지를 가정한 후, 대기 행렬을 사용해서 평균 대기 시간(평균적으로 얼마나 기다리는지)을 구하여 답을 찾아봅시다.

평균 대기 시간을 구하는 법

1분당 계산대에 줄을 서는 인원수를 λ(인/분), 1분당 계산대에서 계산을 끝내고 나가는 인원수를 μ(인/분)이라고 하면, 혼잡한 정도 ρ는 다음 식으로 나타낼 수 있습니다. 그리스어 문자인 λ는 람다, μ는 뮤, ρ는 로라고 읽습니다.

$$\text{혼잡한 정도} \quad \rho = \frac{\lambda}{\mu}$$

이것을 사용하면, 평균 대기 인원수 n(명)을 다음의 식으로 나타낼 수 있습니다.

$$\text{평균 대기 인원수} \quad n = \frac{\rho}{1-\rho} \text{ [명]}$$

평균 계산대 통과 시간(계산대에 물건을 올려놓고 계산이 끝날 때까지 걸리는 시간)을 Ts(초)라고 하면, 평균 대기 시간을 구할 수 있습니다.

$$\text{평균 대기 시간} \quad T = \frac{\rho}{1-\rho} T_s \text{ [초]}$$

처음에 얼마나 혼잡한 상황인지(혼잡한 정도)를 구하고, 평균 대기 인원수를 구한 다음 마지막으로 계산에 걸리는 시간을 곱하면 평균 대기 시간을 구할 수 있습니다.

계산대에 줄을 서고 나서부터 계산이 끝날 때까지 걸리는 시간을 계산해 봅시다.

이 문제에 제시된 상황을 생각해 봅시다. 계산대에 줄을 서는 사람은 30초에 한 명씩 늘어나기 때문에 1분에 2명이 줄을 섭니다.

1분당 계산대에 줄을 서는 인원수 $\lambda = 2$명/분

계산을 마치고 계산대를 통과해서 나가는 사람은 20초에 1명이므로, 1분 동안에 3명이 통과합니다.

1분당 계산대에 줄을 서는 인원수 $\mu = 3$명/분

따라서 혼잡한 정도는 다음과 같이 됩니다.

혼잡한 정도 $\rho = \frac{\lambda}{\mu} = \frac{2}{3}$

다음으로, 평균 대기 인원수를 구합니다.

$$n = \frac{\rho}{1-\rho} = \frac{\frac{2}{3}}{1-\frac{2}{3}} = \frac{\frac{2}{3}}{\frac{1}{3}} = 2\text{명}$$

여기까지 왔다면 문제의 해답을 구할 수 있습니다.

정답 줄을 서고 나서부터 계산이 끝날 때까지는 60초가 걸립니다.

① 평균 대기 인원수에 계산대 통과 평균 시간(T_s = 20초)을 곱해서 평균 대기 시간을 구하면,

$$T = \frac{\rho}{1-\rho} T_s = 2 \times 20 = 40\text{초}$$

② 마지막으로 계산할 차례가 되어서 계산을 하고, 계산대를 통과할 때까지의 시간 20초를 평균 대기 시간에 더하면,

$$40\text{초} + 20\text{초} = 60\text{초}$$

계산대에 줄을 선 이후부터 계산이 끝날 때까지 걸리는 평균 시간은 60초라는 것을 알 수 있습니다. 이것이 대기 행렬을 계산하는 방법입니다. 단, 이 결과는 평균치이기 때문에 물건을 아주 많이 사는 고객이 있어서 계산하는데 더 많은 시간이 걸리거나, 계산하는 직원이 서투르거나 혹은 일 처리가 빠르다면 결과는 달라집니다.

만약 계산하는 직원이 일하는 속도가 빠르다면

여기서 궁금한 점이 생길 수 있습니다. 만약 계산하는 직원이 2배 정도의 속도, 다시 말해 고객 1명당 10초 만에 계산을 끝낸다고 하면 평균 대기 시간은 어떻게 달라질까요? 10초 만에 계산을 끝내는 경우란 사실 실제로는 상상하기 어렵겠지만, 끝낸다는 가정 아래 계산을 해 봅시다.

평균 계산대 통과 시간이 앞의 사례의 절반인 10초가 되므로 평균 대기 시간은,

$$T = \frac{\rho}{1-\rho} T_s = 2 \times 10 = 20\text{초}$$

여기에 자신이 계산할 차례가 된 경우의 평균 계산대 통과 시간 10초를 더해서,

$$20 + 10 = 30\text{초}$$

앞서 계산한 60초의 절반이 됩니다!

따라서 직원이 계산하는 속도가 빨라지거나, 계산대에서 계산을 빨리할 수 있는 시스템을 만드는 것이 얼마나 중요한지를 알 수 있습니다.

○● 퀴즈를 맞춰 볼까요?

법칙을 찾아내 봅시다!

문제

○● 더하기 퀴즈의 답을 맞춰 봅시다.

가족이 함께 광장에 놀러 갔더니, 퀴즈 대회가 한창이었습니다. 암호 같은 문제를 푸는 것인데 아까 쇼핑하러 갔던 쇼핑센터에서 받은 참가권을 사용하여 참가할 수 있고, 문제를 풀면 경품을 받을 수 있습니다. 최선을 다해서 퀴즈를 풀어 봅시다.

예시

○○○● + ○○●● = ○●○○

문제

○○●○ + ○●●○ = ? ? ? ?

○와 ●으로 이루어진 신기한 문제가 있습니다. 정답을 맞추면 선착순으로 경품을 받을 수 있기 때문에, 최선을 다해서 문제를 풀어 보려 합니다. 문제 안에 ○와 ● 2종류의 문자밖에 없다는 것이 힌트입니다. 이 문제는 이진법으로 생각하면 답을 알 수 있습니다.

이진법 정리

일상에서 흔히 사용하고 있는 1~9, 그리고 0을 포함한 10개의 숫자를 사용하는 것을 십진법이라고 합니다. 이와는 다르게 1과 0의 2개의 숫자만 가지고 표현하는 것을 이진법이라고 합니다.

십진법과 이진법에 대해서는 제2장 '10 점자로 표시된 숫자는 어떻게 읽을 수 있을까요?'에서도 언급한 적이 있습니다. 이 퀴즈를 풀기 위해서 아래에 있는 대응표를 함께 살펴봅시다.

(표) 십진법과 이진법 대응표

십진법	이진법
1	1
2	10
3	11
4	100
5	101
6	110
7	111
8	1000
9	1001
10	1010

이번 문제는 1과 0으로 이루어진 이진법이 아니라 ○와 ●로 이루어진 이진법입니다. 그러면 ○와 ●를 사용해서 위의 표를 작성해 보면 어떻게 될까요? 바로 아래에 그 표가 있습니다. 이진법의 '0'을 ○으로, '1'을 ●로 표시했습니다.

(표) ○● 표기 대응표

십진법	4자리수인 이진법	○● 표기
1	0001	○○○●
2	0010	○○●○
3	0011	○○●●
4	0100	○●○○
5	0101	○●○●
6	0110	○●●○
7	0111	○●●●
8	1000	●○○○
9	1001	●○○●
10	1010	●○●○

단, 퀴즈의 예시가 '○○○●+ ○○●● = ○●○○'으로 4개씩 배열되어 있다는 것에 주의해야 합니다.

처음 보았던 표는 ○와 ●4개를 배열해서 표시할 수 없습니다. 그러므로 4자리수를 만든 후(4자리수가 될 수 있도록 앞부분을 0으로 채워 넣어야 합니다.) 이진법의 '0'을 ○로, '1'을 ●로 표시했습니다.

이 표를 통해서 퀴즈의 예시를 살펴보면,

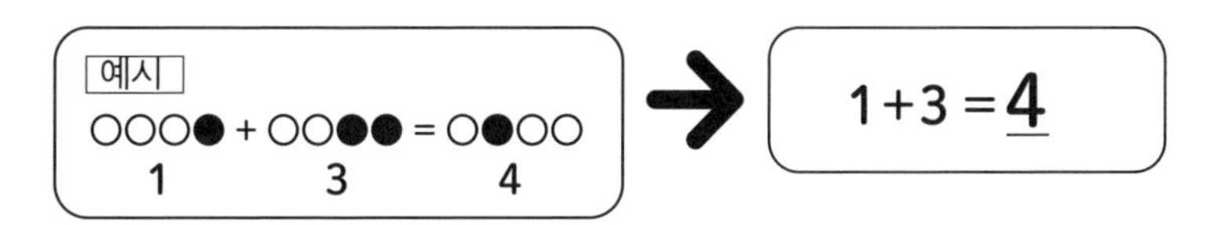

라는 문제임을 알 수 있습니다. 문제의 ○● 퀴즈는 '이진법'의 더하기였던 것입니다.

정답 ○○●○ + ○●●○ = ●○○○

대응표를 가지고 살펴보면,

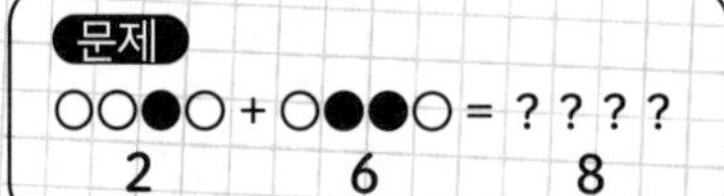

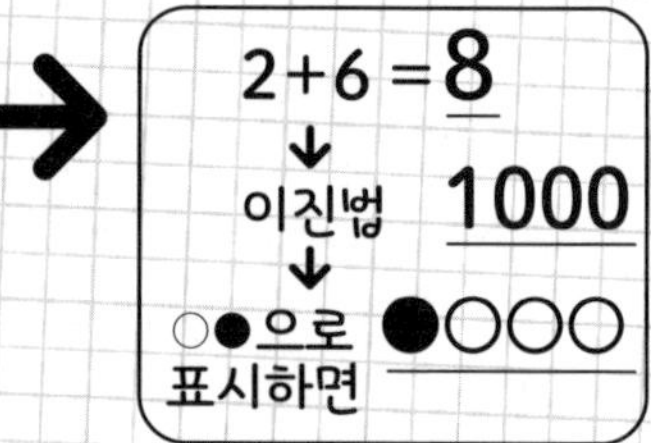

퀴즈의 정답은 ●○○○ 입니다!

계산 방법의 기초 지식

01 사칙 연산, ( )가 있는 계산

사칙 연산을 계산하는 순서

부호가 같을 때 (+와 +, −와 −)는 덧셈을, 부호가 다를 때 (+와 −)는 숫자만 비교해서 **'숫자가 큰 쪽의 수 − 숫자가 작은 쪽의 수'**로 계산합니다.

$$-2+7=(-2)+(+7)=\underline{+}\,\underline{(7-2)}=+5=5$$

부호가 다를 때:
'큰 수 − 작은 수'를 한 뒤, 큰 수의 부호(여기서는 +)를 붙입니다.

$$-3-5=(-3)+(-5)=\underline{-}\,\underline{(3+5)}=-8$$

부호가 같을 때 :
2개의 숫자를 더합니다. ( ) 앞에는 공통 부호(여기서는 −)를 붙입니다.

식 안에 +, −, ×, ÷가 있을 때는 ① ×, ÷를 먼저 계산하고, ② ×, ÷가 연속될 경우에는 앞에서부터 순서대로 계산하며, ③ +, −는 마지막에 계산합니다.

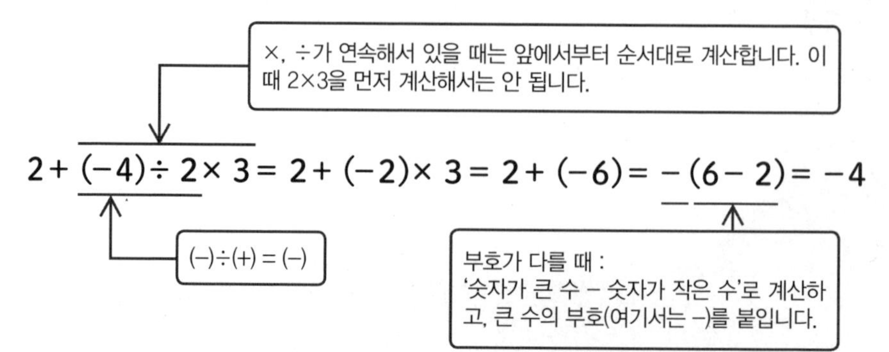

(   ) 가 있는 계산

( ) 가 있는 경우에는 ( ) 안을 먼저 계산합니다. 거듭제곱 계산이 있는 경우에는 거듭제곱을 가장 먼저 계산합니다.

( ) 안에 있는 것부터 계산합니다.
$2-8=-(8-2)=-6$

$$6-(2-8)=6-(-6)=6+6=12$$

$-(-6)$ 은 $(-1)\times(-6)$ 이라고 생각하며,
$(-)\times(-)=(+)$에 의해, +6이 됩니다.

$$(23+7)-(5-12)=30-(-7)=30+7=37$$

( ) 안에 있는 것부터 계산합니다.

$$(3^2-1)\div 4=(9-1)\div 4=8\div 4=2$$

$3^2=3\times3=9$

부호가 다를 때 :
'숫자가 큰 수 – 숫자가 작은 수'를 계산하고, 큰 수의 부호(여기서는 –)를 붙입니다.

$$3\times(5-2^3)=3\times(5-8)=3\times(-3)=-9$$

$2^3=2\times2\times2=8$

$(+)\times(-)=(-)$

( ) 안에서부터 계산합니다. 거듭제곱이 있는 경우에는 거듭제곱을 먼저 계산합니다.

소수 계산 및 비율

소수 계산①: 더하기, 빼기

더하기와 빼기를 종이에 써서 계산할 경우, 소수점을 맞춰서 씁니다.

$$\begin{array}{r} 4.23 \\ +\ 6.7 \\ \hline 10.93 \end{array} \qquad \begin{array}{r} 10.46 \\ -\ 5.7 \\ \hline 4.76 \end{array}$$

소수 계산②: 곱하기

소수를 곱할 때는 소수점 이하의 자릿수에 따라 10배, 100배, 1000배……를 한 뒤, 정수로 고치고 마지막으로 소수점을 표시합니다.

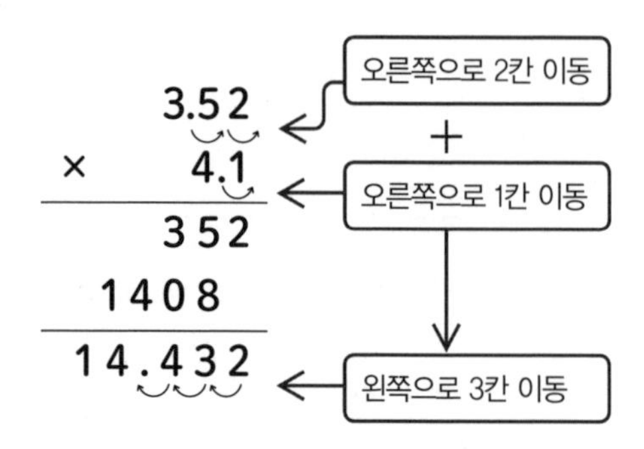

소수 계산③: 나누기

소수 나누기는 나누는 수가 정수가 될 수 있도록 나누는 수와 나눠지는 수에 모두 10배, 100배, 1000배를 합니다. 마지막에 소수점을 이동시키는 것을 잊지 말아야 합니다.

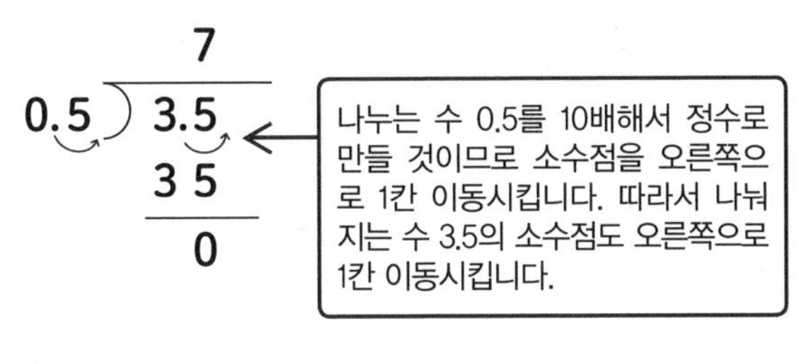

$3.5 \div 0.5 = 7$

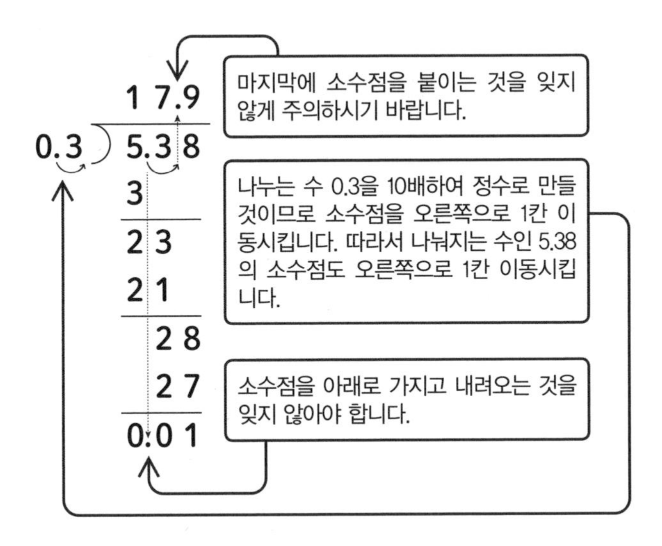

$5.38 \div 0.3 = 17.9$ 나머지 0.01

비율

비율을 나타내는 방법으로는 백분율, 소수, 할푼리, 이 3가지 방법이 있습니다. 각각의 방법을 외워 보도록 합시다.

[표] 비율을 나타내는 방법

백분율	소수	할푼리
100%	1.0	10할
10%	0.1	1할
1%	0.01	1푼
37%	0.37	3할 7푼

Q1 200원의 30%는 얼마일까요?

30% = 0.3이므로, 이 문제는 '200원의 0.3배는?'과 같은 질문이라고 생각할 수 있습니다.

$$200 \times 0.3 = 60$$ 정답 : 60원

Q2 30kg은 50kg의 몇 %일까요?

비율을 식으로 나타내면 '비율 = 비교하는 양 ÷ 기준으로 하는 양'입니다. 이 문제의 경우, 50kg이 '기준으로 하는 양'이고, 30kg이 '비교하는 양'이므로, 비율은 다음의 식을 사용해서 구할 수 있습니다.

$$30 \div 50 = 0.6$$ 정답 : 60%

03 분수의 더하기, 빼기

분수의 통분

분수를 계산할 때 계산을 위해서 분모를 맞춰야 할 때가 있습니다. 이것을 **통분**이라고 합니다. 분모의 최소 공배수로 정렬해 봅시다.

최소 공배수는 여러 수의 배수를 나열했을 때, 공통되는 배수 중에서 최소인 수를 가리킵니다.

분모를 6으로 만들기 위해 분모와 분자에 2를 곱합니다.

분모를 6으로 만들기 위해 분모와 분자에 3을 곱합니다.

$$\left(\frac{1}{3}, \frac{1}{2}\right) = \left(\frac{1\times 2}{3\times 2}, \frac{1\times 3}{2\times 3}\right) = \left(\frac{2}{6}, \frac{3}{6}\right)$$

3과 2의 최소 공배수는 6입니다.

분모를 24로 만들기 위해 분모와 분자에 3을 곱합니다.

분모를 24로 만들기 위해 분모와 분자에 2를 곱합니다.

$$\left(\frac{3}{8}, \frac{5}{12}\right) = \left(\frac{3\times 3}{8\times 3}, \frac{5\times 2}{12\times 2}\right) = \left(\frac{9}{24}, \frac{10}{24}\right)$$

8과 12의 최소 공배수는 24입니다.

분수의 더하기와 빼기

분수의 더하기. 빼기에서는 분모가 같을 경우 분자를 그대로 계산하고, 분모가 다른 경우에는 통분한 후 분자를 계산합니다.

분모가 같으므로 분자만 더합니다.

$$\frac{2}{5}+\frac{3}{5}=\frac{2+3}{5}=\frac{5}{5}=1$$

마지막에 약분하는 것을 잊으면 안됩니다.

$$\frac{5}{6}+\frac{2}{3}=\frac{5}{6}+\frac{4}{6}=\frac{5+4}{6}=\frac{9}{6}=\frac{3}{2}$$

3과 6의 최소 공배수인 6으로 맞춥니다.

$$\frac{8}{11}-\frac{13}{22}=\frac{16}{22}-\frac{13}{22}=\frac{16-13}{22}=\frac{3}{22}$$

11과 22의 최소 공배수인 22로 맞춥니다.

$$\frac{5}{14}-\frac{5}{6}=\frac{15}{42}-\frac{35}{42}=\frac{15-35}{42}=\frac{-20}{42}=-\frac{10}{21}$$

14와 6의 최소 공배수인 42로 맞춥니다. 분모의 숫자가 큰 쪽(14)을 2배, 3배, 4배……해서 6으로 나눠떨어지는지를 생각해 보면 최소 공배수를 찾기 쉽습니다.

분수의 곱하기와 나누기

분수의 곱하기

분수를 곱할 경우 분모는 분모끼리, 분자는 분자끼리 곱합니다. 약분을 할 수 있을 경우에는 중간에 약분을 할 수 있습니다.

$$\frac{1}{3} \times \frac{2}{5} = \frac{1 \times 2}{3 \times 5} = \frac{2}{15}$$

$$\frac{3}{7} \times \frac{14}{5} = \frac{3 \times \cancel{14}^{2}}{{}_{1}\cancel{7} \times 5} = \frac{6}{5}$$

$$6 \times \frac{3}{4} = \frac{6}{1} \times \frac{3}{4} = \frac{{}^{3}\cancel{6} \times 3}{1 \times \cancel{4}_{2}} = \frac{9}{2}$$

분수의 나누기

분수의 나누기는 나눌 수를 역수로 만든 후, 나누기를 곱하기로 바꾸어서 계산합니다.

$$\frac{2}{3} \div \frac{3}{5} = \frac{2}{3} \times \frac{5}{3} = \frac{2 \times 5}{3 \times 3} = \frac{10}{9}$$

$$\frac{8}{7} \div \frac{4}{9} = \frac{8}{7} \times \frac{9}{4} = \frac{{}^{2}\cancel{8} \times 9}{7 \times \cancel{4}_{1}} = \frac{18}{7}$$

$$\frac{5}{6} \div 10 = \frac{5}{6} \times \frac{1}{10} = \frac{{}^{1}\cancel{5} \times 1}{6 \times \cancel{10}_{2}} = \frac{1}{12}$$

$$3 \div \frac{1}{9} = 3 \times \frac{9}{1} = \frac{3 \times 9}{1} = 27$$

분수의 사칙 연산과 계산 순서

분수에서도 다음과 같은 순서로 계산합니다.

① 거듭제곱 → ② ( ) → ③ ×, ÷ → ④ +, -

$$\frac{11}{4} - \left\{\left(\frac{3}{2}\right)^2 + \frac{2}{5} \times \frac{3}{4}\right\} = \frac{11}{4} - \left(\frac{9}{4} + \frac{3}{10}\right)$$

$$= \frac{11}{4} - \left(\frac{45}{20} + \frac{6}{20}\right) = \frac{11}{4} - \frac{51}{20}$$

$$= \frac{55}{20} - \frac{51}{20} = \frac{\cancel{4}^{1}}{\cancel{20}_{5}} = \frac{1}{5}$$

소수와 분수

분수는 **'분자 ÷ 분모'**의 방식으로, 소수로 나타낼 수 있습니다.

$$\frac{3}{5} = 3 \div 5 = 0.6$$

$$\frac{7}{100} = 7 \div 100 = 0.07$$

05 문자식, 지수

문자식의 계산

문자식이란 알파벳 등의 숫자를 사용해서 나타내는 식을 가리킵니다. 같은 문자를 사용하는 경우 더하기나 빼기를 할 때는 계수끼리 계산을 할 수 있지만, 문자가 다른 경우에는 계산을 할 수 없기 때문에 주의해야 합니다.

$$3 \times a = 3a \qquad 4b \div 7 = \frac{4b}{7} = \frac{4}{7}b$$

÷는 분수로 고칩니다.

b는 분자에 써도 되고, 분수 옆에 써도 됩니다.

$$2m + 3m = (2+3)m = 5m$$

문자가 모두 m이므로, 계수끼리 계산할 수 있습니다.

$$7x - x + y = (7-1)x + y = 6x + y$$

x와 y는 문자가 다르기 때문에 계산할 수 없습니다.

( )를 벗길 때는 ( ) 안에 모두 − 를 곱하는 것을 잊으면 안됩니다.

$$(3x - y) - (2x + 6y)$$

$$= 3x - y - 2x - 6y = x - 7y$$

지수

a를 n회 곱한 것을 a^n이라고 표시하며, 이때의 n을 a^n의 **지수**라고 합니다.

$$a \times a = a^2$$

$$4 \times x \times x \times x = 4x^3$$

x는 생략하고, 지수(우측 위의 숫자)로 표시합니다.

지수 법칙

$$a^m \times a^n = a^{m+n} \qquad \frac{a^m}{a^n} = a^{m-n}$$

$$(a^m)^n = a^{mn} \qquad (ab)^n = a^n b^n$$

$$2^3 \times 2^2 = 2^{3+2} = 2^5 \qquad \frac{x^5}{x^2} = x^{5-2} = x^3$$

$$\left(10^2\right)^4 = 10^{2\times 4} = 10^8$$

x는 생략하고, 지수(우측 위의 숫자)로 표시합니다.

$$a^2 b \times \left(ab^3\right)^2 = a^2 \times b \times a^2 \times b^6 = a^4 b^7$$

우선 ( )^{2}를 계산하고 ( )를 벗깁니다.

06 제곱근

제곱근과 제곱근이 있는 식을 계산하는 법

제곱해서 a가 되는 수를 a의 **제곱근**이라고 합니다. $(\sqrt{2})^2 = 2$, $(\sqrt{3})^2 = 3$입니다. 자주 사용하는 대표적인 제곱근에는 $\sqrt{2}$나 $\sqrt{3}$등이 있는데, 수치로 나타내면 $\sqrt{2} \fallingdotseq 1.414$, $\sqrt{3} \fallingdotseq 1.732$입니다.

$$2 \times \sqrt{5} = \underline{2\sqrt{5}}$$

× 는 생략합니다.

$$4\sqrt{2} + 3\sqrt{2} = (4+3)\underline{\sqrt{2}} = 7\sqrt{2}$$

√ 안이 같은 숫자일 경우에는 문자처럼 묶습니다.

$$\sqrt{2} \times \sqrt{3} = \underline{\sqrt{2 \times 3}} = \sqrt{6}$$

√ 안에 있는 것은 서로 곱할 수 있습니다.

$$\sqrt{4} = \underline{\sqrt{2^2}} = (\sqrt{2})^2 = 2$$

4는 2의 제곱이므로, $\sqrt{4} = 2$

$$\sqrt{9} = \sqrt{3^2} = (\sqrt{3})^2 = 3$$

$$\sqrt{16} = \sqrt{4^2} = \left(\sqrt{4}\right)^2 = 4$$

$$\sqrt{25} = \sqrt{5^2} = \left(\sqrt{5}\right)^2 = 5$$

$$\sqrt{12} = \sqrt{4 \times 3} = \sqrt{4} \times \sqrt{3} = 2\sqrt{3}$$

$\sqrt{\ }$를 간단하게 하려면 4, 9, 16, 25……의 곱셈으로 만든 뒤.

$$\sqrt{27} = \sqrt{9 \times 3} = \sqrt{9} \times \sqrt{3} = 3\sqrt{3}$$

$$\sqrt{50} = \sqrt{25 \times 2} = \sqrt{25} \times \sqrt{2} = 5\sqrt{2}$$

방정식

일차 방정식

일차식으로 구성되어 있는 방정식을 **일차 방정식**이라고 하며, 등식의 성질을 사용해서 풀 수 있습니다.

등식의 성질

A = B라면 양변에 같은 수를 더하거나, 빼거나, 곱하거나 혹은 같은 수로 나누어도 바뀌지 않습니다.

$$x + 4 = 8$$
$$x + 4 - 4 = 8 - 4$$
$$x = 4$$

+4를 이항해서 $x = 8 - 4 = 4$로 계산할 수 있습니다.

양변에서 4를 뺍니다.

$$3x = 12$$
$$\frac{3x}{3} = \frac{12}{3}$$
$$x = 4$$

양변을 3으로 나눕니다.

$$\frac{2}{3}x = 6$$
$$\frac{3}{2} \times \frac{2}{3}x = 6 \times \frac{3}{2}$$
$$x = 9$$

양변에 $\frac{3}{2}$을 곱합니다.

연립 방정식

2개 이상의 미지수를 포함하는 방정식과 2개 이상의 식을 가지고 그 미지수를 구하는 것입니다. 원칙적으로는 '한 문자 제거'로 풀 수 있습니다.

$$\begin{cases} 2x + y = 1 & \cdots\cdots ① \\ 5x + y = 4 & \cdots\cdots ② \end{cases}$$

y를 제거하기 위해, ① − ② ← 가감법이라고 합니다.

$$\begin{array}{r} 2x + y = 1 \\ -)\ 5x + y = 4 \\ \hline -3x = -3 \\ x = 1 \quad \cdots\cdots ③ \end{array}$$

③을 ①에 대입하면,

$$2 \times 1 + y = 1$$

$$y = 1 - 2$$

$$y = -1$$

정답은 $x = 1$, $y = -1$

$$\begin{cases} 2x - 5y = -1 & \cdots\cdots ① \\ x = 2y & \cdots\cdots ② \end{cases}$$

x를 제거하기 위해 ②에 ①을 대입해서, ← 대입법이라고 합니다.

$$2 \times 2y - 5y = -1$$
$$4y - 5y = -1$$
$$-y = -1$$
$$y = 1 \quad \cdots\cdots ③$$

③을 ②에 대입하면,

$$x = 2 \times 1$$
$$x = 2$$

정답은 $x = 2,\ y = 1$

이차 방정식

이차식으로 구성된 방정식을 이차 방정식이라고 하며, 인수 분해 또는 해 구하기로 풀 수 있습니다.

인수 분해를 사용한 공식

$AB = 0$이면, $A = 0$ 또는 $B = 0$

해 구하기

$ax^2 + bx + c = 0$일 때, $x = \dfrac{-b \pm \sqrt{b^2 - 4ac}}{2a}$

$(x+1)(x-3)=0$ ← 우선 인수 분해부터 합니다.

$x+1=0$ 또는 $x-3=0$

$x=-1$ 또는 $x=3$ 정답은 $x=-1, 3$

$x^2+5x+6=0$

$(x+2)(x+3)=0$

$x+2=0$ 또는 $x+3=0$

$x=-2$ 또는 $x=-3$ 정답은 $x=-2, -3$

$2x^2+5x+1=0$

$$x=\frac{-5\pm\sqrt{5^2-4\times2\times1}}{2\times2}$$

$$=\frac{-5\pm\sqrt{17}}{4}$$

인수 분해를 할 수 없기 때문에 해 구하기를 사용합니다.

$3x^2-6x-2=0$

$$x=\frac{-(-6)\pm\sqrt{(-6)^2-4\times3\times(-2)}}{2\times3}$$

$$=\frac{6\pm\sqrt{60}}{6}=\frac{\overset{3}{\cancel{6}}\pm\overset{1}{\cancel{2}}\sqrt{15}}{\underset{3}{\cancel{6}}}=\frac{3\pm\sqrt{15}}{3}$$

합동, 닮음, 닮음비

삼각형의 합동 조건

합동이란 2개의 도형을 움직여 딱 맞게 포개지는 경우, 이 두 도형은 **합동**이라고 합니다. 2개의 삼각형에서 다음의 3가지 조건 중 하나를 만족시키면 이 삼각형들은 합동이라고 합니다.

- 세 변이 각각 같다.
- 두 변과 그 사이의 각이 각각 같다.
- 한 변과 그 양 끝의 각이 각각 같다.

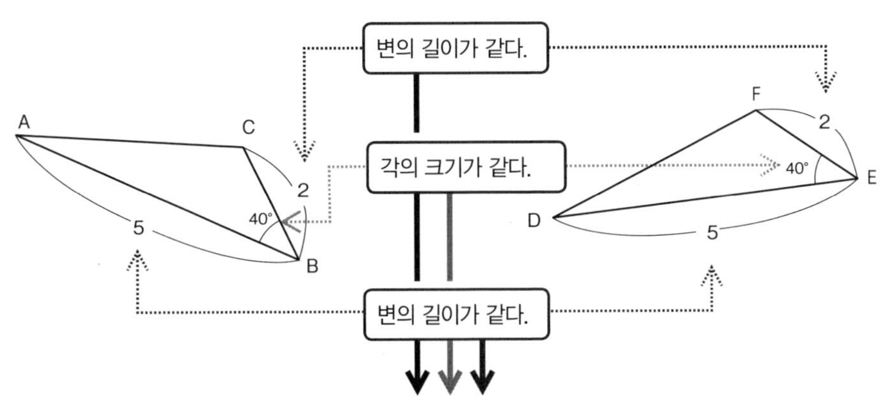

'두 변과 그 사이의 각이 각각 같다.'는 조건을 만족하기 때문에

△ABC와 △DEF는 합동입니다.

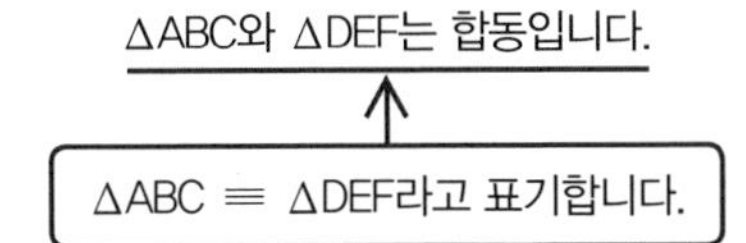

삼각형의 닮음 조건

2개의 도형 중에 한 도형을 확대·축소했을 때 다른 도형과 딱 맞게 포갤 수 있으면 이 두 도형이 **닮음**이라고 표현합니다. 두 삼각형이 아래의 3가지 조건 중 하나를 만족하면 이 삼각형들은 닮음이라고 합니다.

- 세 변의 '비'가 모두 동일하다.
- 두 변의 '비'와 그 사이의 각이 모두 동일하다.
- 두 각이 각각 동일하다.

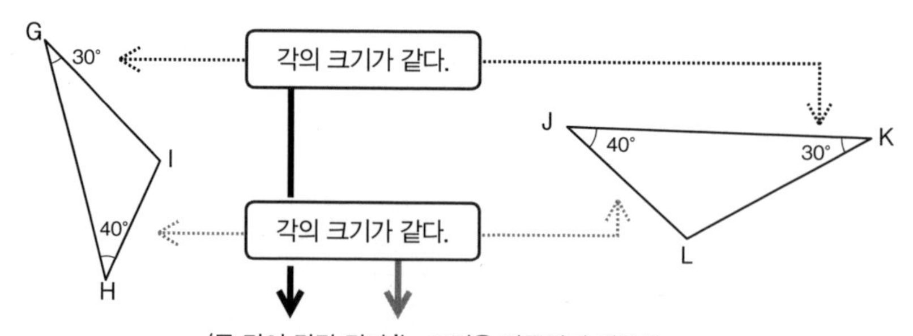

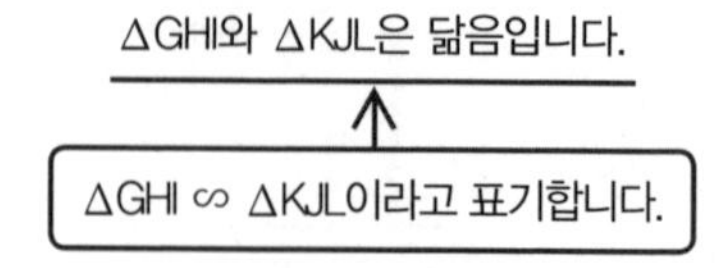

닮음비

닮음비란 닮음인 도형에서 대응하는 변의 길이의 비를 가리킵니다. 닮음인 평면 도형의 면적비는 닮음비의 제곱과 같습니다. 또한 닮음인 입체 도형의 부피비는 닮음비의 세제곱과 같습니다.

인수 분해를 사용한 공식

닮음비가 $m : n$일 때, 면적비는 $m^2 : n^2$, 부피비는 $m^3 : n^3$

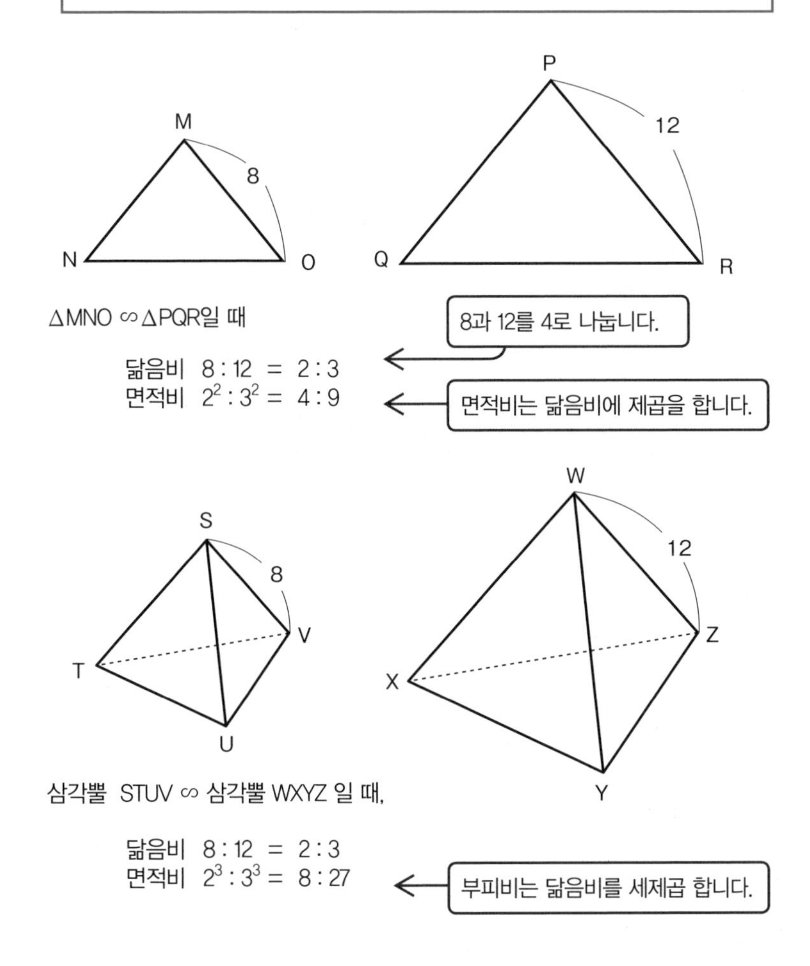

09 경우의 수, 순열, 조합

경우의 수

경우의 수란 어떤 사건이 어떻게 발생할 수 있는지, 몇 가지로 발생할 수 있는지를 세는 것입니다. 수형도(樹型圖)나 표 등을 사용해서 적어 가며 세어 봅시다.

- 주사위를 1번 던졌을 때 나올 수 있는 수 :
  ⚀⚁⚂⚃⚄⚅ 의 6가지가 나올 수 있다. → <u>답 : 6가지</u>

- 음료 2종류(커피, 홍차)와 케이크 3종류(딸기, 초콜릿, 치즈)가 있을 때 선택할 수 있는 경우의 수 :

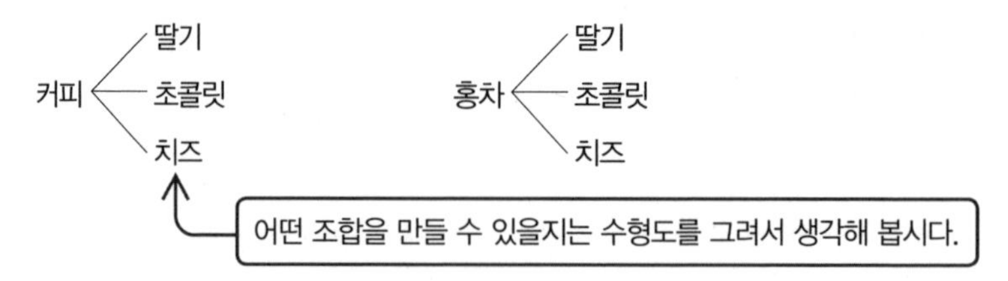

- 음료는 커피와 홍차 2종류이며 음료에 각각 딸기, 초콜릿, 치즈 3종류 케이크가 있습니다. ➔ 곱의 법칙에 따라 2×3 = 6 ➔ <u>답 : 6가지</u>

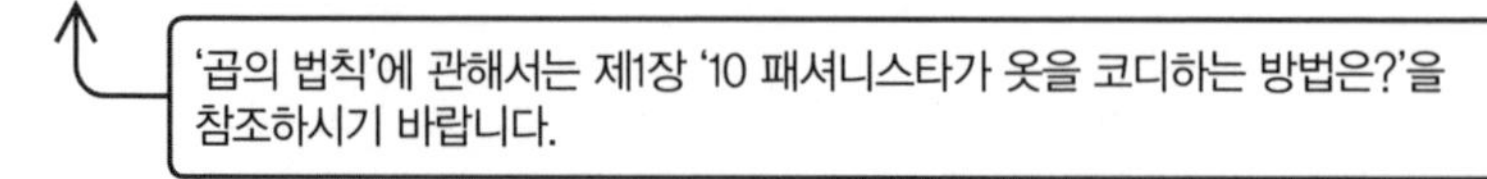

순열

순열이란 n개의 서로 다른 것 중에서 r개를 선택해서 나열하는 경우의 수를 의미하며, nPr이라고 씁니다. n!은 'n의 계승'이라고 읽고, n개의 서로 다른 것을 모두 나열할 때 정렬하는 **경우의 수**를 나타냅니다.

$$n! = n \times (n-1) \times (n-2) \times \cdots\cdots 3 \times 2 \times 1$$

$${}_nP_r = \frac{n!}{(n-r)!}$$

공식을 보면 계산이 아주 어렵게 보일 수 있지만 실제로는 간단하게 계산할 수 있습니다.

- 서로 다른 5개 중에서 2개를 선택해서 나열하는 경우의 수

$${}_5P_2 = 5 \times 4 = 20 \text{ (가지)}$$

첫 번째 선택 방법이 5가지이고,
(5가지의) 각각에 대해서 두 번째 선택 방법이 4가지 있습니다.

- 7명 중에서 3명을 선택해서 나열하는 경우의 수

$${}_7P_3 = 7 \times 6 \times 5 = 210 \text{ (가지)}$$

첫 번째 사람을 선택하는 방법이 7가지이고,
(7가지의) 각각에 관해 두 번째 사람을 선정하는 방법이 6가지,
(6가지의) 각각에 대해 세 번째 사람을 선정하는 방법이 5가지 있습니다.

- 4명 중에서 4명을 선택해서 나열하는 경우의 수

$${}_4P_4 = 4! = 4 \times 3 \times 2 \times 1 = 24 \text{ (가지)}$$

조합

조합이란 n개의 서로 다른 것 중에서 r개를 선택할 경우의 수를 말하며, nCr이라고 표현합니다. 조합의 공식은 순열 공식과 함께 기억해 두면 좋습니다.

$$_nC_r = \frac{n!}{r!(n-r)!} = \frac{1}{r!}\frac{n!}{(n-r)!} = \frac{_nP_r}{r!}$$

- 5개의 서로 다른 것 중에서 2개를 선택할 경우의 수

$$_5C_2 = \frac{_5P_2}{2!} = \frac{5 \times 4}{2 \times 1} = 10 \text{ (가지)}$$

$_5P_2$ (= 5×4)를 2개의 정렬 (2!)로 나눕니다.

- 7명 중에서 3명을 선택하는 경우의 수

$$_7C_3 = \frac{_7P_3}{3!} = \frac{7 \times 6 \times 5}{3 \times 2 \times 1} = 35 \text{ (가지)}$$

$_7P_3$ (= 7×6×5)를 3개의 정렬 (3!)로 나눕니다.

확률

확률

확률이란 어떤 사실이 일어나기 쉬운 정도를 표현하며, 다음의 식으로 구할 수 있습니다.

$$확률 = \frac{그\ 사실이\ 일어나는\ 경우의\ 수}{발생할\ 수\ 있는\ 모든\ 경우의\ 수}$$

- 주사위 2개를 던져서 같은 눈이 나올 확률

똑같은 눈이 나오는 것은 (1,1), (2,2), (3,3), (4,4), (5,5), (6,6) 의 6가지 경우입니다. 2개의 정렬 (2!)로 나눕니다.

$$\frac{6}{36} = \frac{1}{6}$$

모든 경우의 수는 6×6 = 36가지 입니다.

- 빨간 구슬이 3개, 하얀 구슬이 2개 들어 있는 봉지에서 구슬 2개를 꺼냈을 때, 두 구슬이 모두 빨간색일 확률은?

분자는 빨간 구슬 3개 중에서 빨간 구슬 2개를 선택하는 경우의 수입니다.

$$\frac{{}_3C_2}{{}_5C_2} = \frac{\frac{{}_3P_2}{2!}}{\frac{{}_5P_2}{2!}} = \frac{\frac{3\times2}{2\times1}}{\frac{5\times4}{2\times1}} = \frac{3}{10}$$

분모는 빨간 구슬과 흰 구슬을 모두 합친 5개 중에서 2개를 선택하는 경우의 수입니다.

기대치

기대치란 어떤 사실이 다시 발생했을 때, 평균적으로 어느 정도의 수가 되는지를 계산한 것입니다. 각각의 사실이 발생할 확률이 같을 때는 평균과 같은 값이 됩니다.

어떤 일을 실행했을 때, 취할 수 있는 값이 x_1, x_2, x_3, …… x_n이고, 각각의 값을 취할 수 있는 확률이 p_1, p_2, p_3, …… p_n일 때, 다음의 식을 통해 기대치를 구할 수 있습니다.

$$\text{기대치} = x_1p_1 + x_2p_2 + x_3p_3 + \cdots\cdots + x_np_n$$

간단한 예를 하나 들어봅시다. 주사위를 하나 던져서 나오는 눈에 대한 기대치는 얼마일지 계산해 보겠습니다.

- 주사위를 1번 던져서 나올 수 있는 눈의 기대치

$$1 \times \frac{1}{6} + 2 \times \frac{1}{6} + 3 \times \frac{1}{6} + 4 \times \frac{1}{6} + 5 \times \frac{1}{6} + 6 \times \frac{1}{6} = \frac{7}{2} \ (= 3.5)$$

평면 도형의 면적

평면 도형의 종류와 면적

평면 도형에는 다음과 같은 종류가 있습니다. 각각의 면적을 구하는 방법을 기억해 둡시다.

- 삼각형

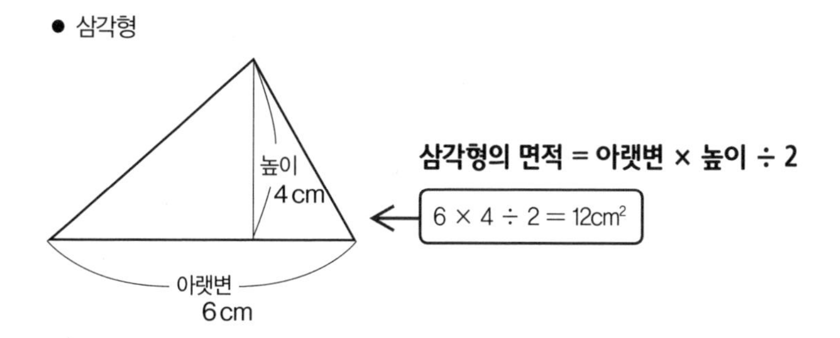

- 사다리꼴

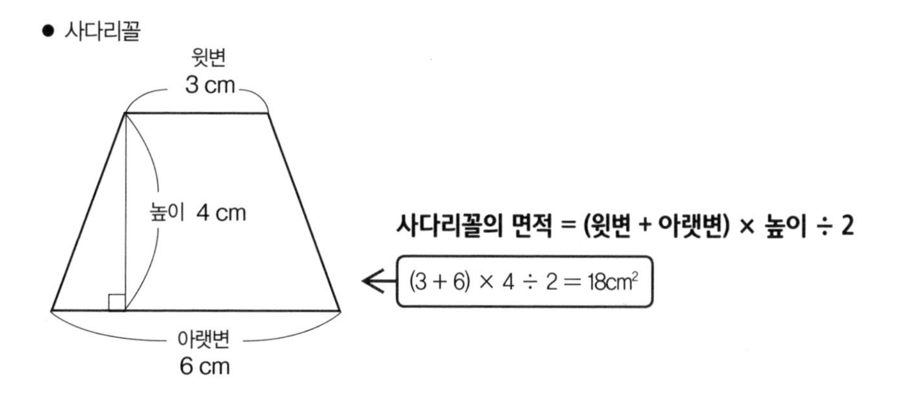

● 마름모꼴

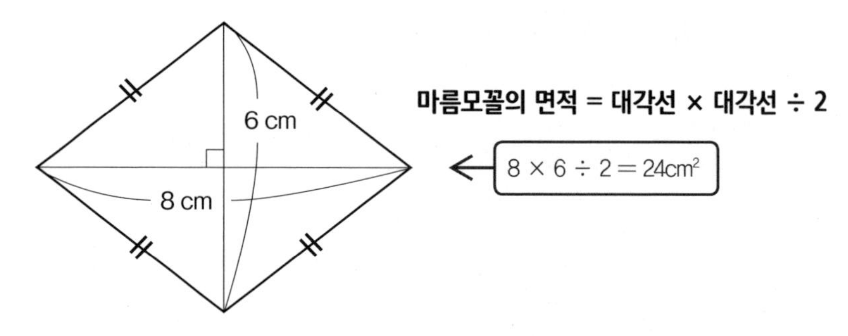

부가 설명: 입체 도형의 부피 구하기

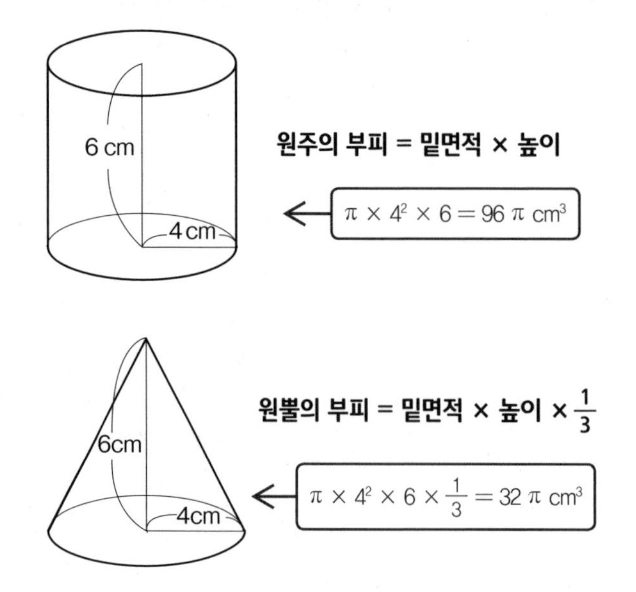

12 원

현과 호

원의 구성 요소에는 중심, 반지름 외에도 현(弦)과 호(弧)가 있습니다. 현 AB는 원주상의 두 점 A에서 B까지의 원주 부분을 의미합니다.

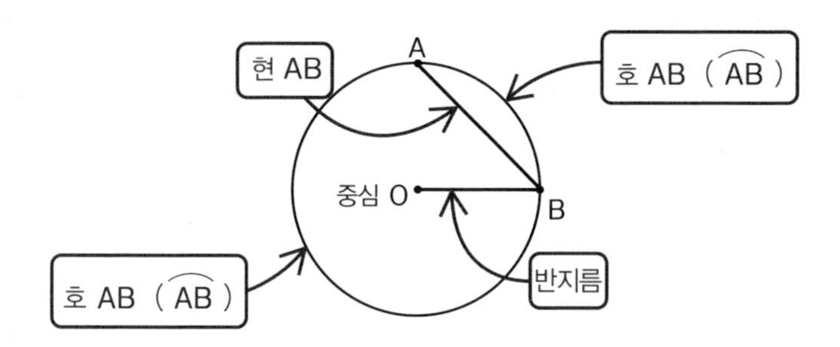

원의 중심을 구하는 법

원의 중심은 2개 현의 수직 이등분선의 교점을 가지고 구할 수 있습니다.

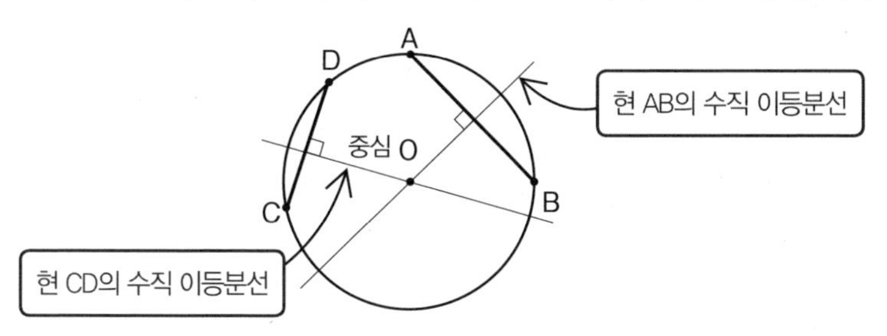

원의 면적, 원주

원의 면적과 원주(원둘레의 한 바퀴 길이) 는 반지름을 사용해서 구할 수 있습니다.

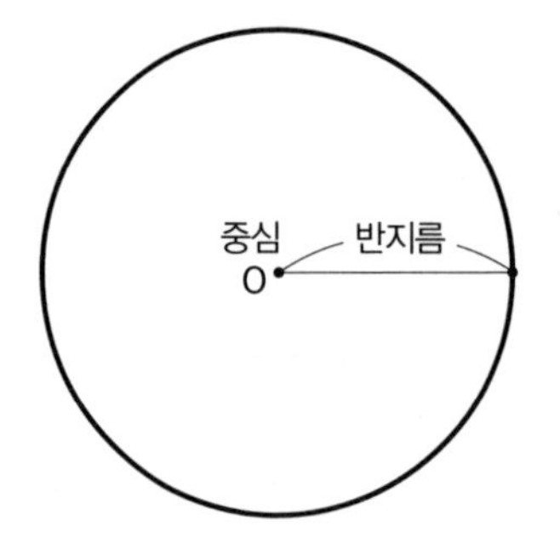

원의 면적 = π × (반지름)^2

원주 (원둘레의 길이) = 2 × π × 반지름

- 반지름이 5cm인 원의 면적: $\pi \times 5^2 = 25\pi \text{cm}^2$
- 반지름이 5cm일 때의 원주: $2 \times \pi \times 5 = 10\pi \text{cm}$

부채꼴의 면적

먼저 원의 면적을 구한 다음, 360°에 관한 중심각의 비를 곱합니다.

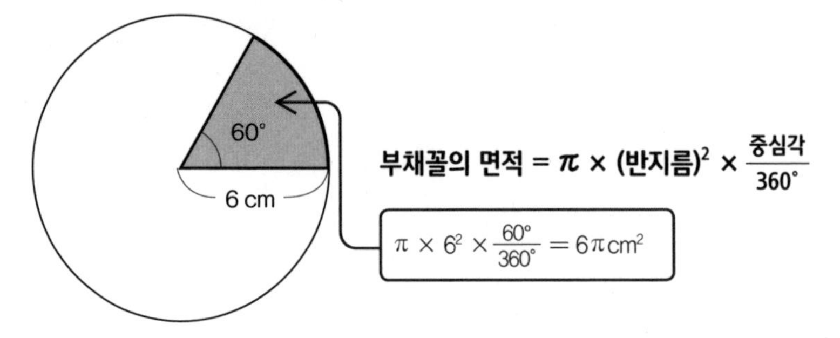

색인

ㄱ

가감법 ··· 220
가속도 ··· 91, 92, 93, 95, 123, 125, 126
거듭제곱 ··· 29, 69, 207, 214
겨냥도 ··· 159, 160
경우의 수 ··· 48, 52, 165, 166, 181, 186, 188, 226, 227, 228, 229
계승 ··· 52, 186, 226
곱의 법칙 ··· 47, 48, 226
공배수 ··· 13, 14
공약수 ··· 16, 17
공차 ··· 128, 129, 130
구 ··· 159
기대치 ··· 193, 194, 195, 230
기울기 ··· 116, 117, 118, 119, 121, 124, 133, 134, 179

ㄴ

난수 ··· 189, 190, 192
난수표 ··· 191, 192

ㄷ

단위량 ··· 74, 79, 141, 142
단위 환산 ··· 162, 163
닮음 ··· 36, 37, 39, 40, 223, 224, 225
닮음비 ··· 36, 37, 38, 40, 223, 225
대기행렬 ··· 196, 199
대입법 ··· 221
등식의 성질 ··· 219
등차수열 ··· 127, 128, 129, 130

ㅁ

마름모꼴의 면적 ··· 232
면적 ··· 23, 24, 25, 26, 27, 77, 78, 79, 80, 152, 153, 154, 231, 232, 234
면적비 ··· 36, 37, 225
모비율 ··· 59, 60, 61, 62, 63, 64, 65, 66
모집단 ··· 59, 60, 64, 67
목걸이 순열 ··· 50, 53, 54
몬티 홀의 문제 ··· 165, 167
문자식 ··· 25, 36, 215
미분 ··· 123, 124, 125
밀도 ··· 77, 78

ㅂ

방정식 ··· 33, 219, 220, 221
배수 ··· 13, 14, 211
백분율 ··· 139, 146, 147, 210
복호 ··· 22
부등식 ··· 171, 172, 173, 174, 175, 176
부피 ··· 35, 78, 232
부피비(체적비) ··· 35, 36, 37, 225
부채꼴의 면적 ··· 234
분산 ··· 56, 96, 97, 98, 99, 100

분수 ························ 211, 212, 213, 214, 215
비례 ························ 155, 156, 157
비율 ························ 40, 42, 59, 60, 80, 138, 139, 147, 208, 210

ㅅ

사각기둥 ························ 159, 161
사각뿔 ························ 159, 161
사다리꼴의 면적 ························ 231
사칙 연산 ························ 206, 214
삼각기둥 ························ 159, 161
삼각비 ························ 42, 45, 46, 116, 117, 119
삼각뿔 ························ 159, 161, 225
삼각형 ························ 40, 41, 43, 46, 152, 153, 154, 161, 223, 224, 231
삼각형 닮음 조건 ························ 40, 224
삼각형 합동 조건 ························ 223
상관 ························ 56
상관 계수 ························ 55, 56, 57
샘플수 ························ 59, 60, 61, 63, 65
세제곱 ························ 29, 225
세제곱근 ························ 35, 36, 37
소수 ························ 18, 19, 20, 21, 31, 139, 147, 208, 209, 210, 214
소수 계산 ························ 208, 209
수열 ························ 128, 190
수표 ························ 114
순열 ························ 50, 52, 181, 186, 226, 228
십진법 ························ 112, 113, 202, 203

ㅇ

암호화 ························ 18, 19, 22
약수 ························ 16, 17, 18, 19
연립 방정식 ························ 32, 33, 34, 178, 228
연비 ························ 74, 75
원 ························ 23, 24, 25, 27, 120, 121, 122 160, 161, 233, 234
원뿔 ························ 35, 37, 38, 159, 161, 232
원순열 ························ 50, 52, 53
원인의 확률 ························ 110
원주 ························ 90, 121, 232, 233, 234
유효 응답수 ························ 58, 59, 61, 62, 63, 64, 65, 66
이진법 ························ 111, 112, 113, 201, 202, 203
이차 방정식 ························ 221
이차 함수 ························ 91, 92
인구 밀도 ························ 77, 78, 79
일차 방정식 ························ 219
입면도 ························ 159, 160, 161
입체 도형 ························ 158, 159, 160, 161, 225, 232

ㅈ

절편 ························ 121, 133, 134, 179
점자 ························ 111, 113, 114, 115, 202
정당 지지율 ························ 58, 59, 60, 61, 62, 63, 64, 65, 66, 67
정접 ························ 117, 119
제곱 ························ 28, 29, 31, 217, 225
제곱근 ························ 217
조건부 확률 ························ 107, 106, 108, 110
조 나누기 ························ 101, 102, 103
조합 ························ 47, 48, 49, 52, 115, 114, 154, 172, 175, 180, 181, 184, 185, 186,

187, 188, 226, 228
중복순열 ········· 180, 181, 182, 183
중심 ········· 25, 90, 121, 154, 233, 234
지수 ········· 68, 69, 215, 216
지수 함수 ········· 69
직각 삼각형의 변의 비 ········· 42
진앙 ········· 89, 90
진원 ········· 89

ㅊ

초항 ········· 128, 129, 130
최대 공약수 ········· 15, 16, 17
최소 공배수 ········· 12, 13, 14, 47, 55, 211, 212
최소 제곱법 ········· 133

ㅌ

탄젠트 ········· 117
통분 ········· 211, 212

ㅍ

평면도 ········· 159, 160, 161
평면 도형의 면적 ········· 231
평문 ········· 22
표본 비율 ········· 59, 60, 62, 64, 65, 66
플러스마이너스 수의 계산 ········· 81, 82

ㅎ

할인 ········· 138, 139, 140, 146, 147, 148, 149, 150, 151, 171, 172, 175, 178
할푼리 ········· 139, 210
합동 ········· 223
항 ········· 128, 129, 130
현 ········· 90, 241
호 ········· 241
혼잡률 ········· 77, 78, 79
확률 ········· 60, 61, 62, 63, 64, 65, 66, 67, 104, 106, 107, 108, 109, 110, 164, 165, 166, 167, 168, 169, 170, 185, 186, 188, 192, 193, 194, 229, 230
회귀 분석 ········· 132, 133
회귀식 ········· 132, 133, 134, 136
회귀 직선 ········· 133

영숫자·기호

(　)가 있는 계산 ········· 206, 207
$\cos\theta$ ········· 45, 46
$\sin\theta$ ········· 45, 46
$\tan\theta$ ········· 45, 46, 117, 118, 119
λ ········· 197, 198
μ ········· 197, 198
ρ ········· 56, 57, 60, 62, 63, 64, 65, 66, 197, 198, 199, 200
Σ ········· 97, 133, 134, 135, 136

알수록 돈이되고
볼수록 쓸모있는 수학이야기

1판 2쇄 발행 2023년 5월 20일

글쓴이 마쓰카와 후미야
옮긴이 김지예

편집 이순아
펴낸이 이경민
펴낸곳 ㈜동아엠앤비
출판등록 2014년 3월 28일(제25100-2014-000025호)
주소 (03972) 서울특별시 마포구 월드컵북로22길 21 2층
홈페이지 https://www.dongamnb.com/
전화 (편집) 02-392-6901 (마케팅) 02-392-6900
팩스 02-392-6902
전자우편 damnb0401@naver.com
SNS

ISBN 979-11-6363-553-6 (43410)

※ 책 가격은 뒤표지에 있습니다.
※ 잘못된 책은 구입한 곳에서 바꿔 드립니다.